JN256146

南海トラフ地震・大規模災害に備える

熊本地震、兵庫県南部地震、豪雨災害から学ぶ

田結庄良昭＝著
Tainosho Yoshiaki

自治体研究社

はしがき

この本を書いている今も、熊本地震では多くの被災者が避難所で劣悪な環境で暮らしています。阪神・淡路大震災を神戸の長田で被災し、避難所も体験した私にとって、この事態は“何も変わっていないのでは、むしろより悪くなっている”、“阪神・淡路大震災や東日本大震災の経験や教訓は伝わっていない”、と強く感じました。国は「国民の安心と安全を守る」と、声高に叫んでいるのに、地方自治体任せで、何をしているのでしょうか。その地方自治体も平成の大型市町村合併で職員数も減り、現実の災害に対応できていないのです。

私たちは、阪神･淡路大震災から震災復興に仲間とともに関与し、また各地の災害被災地に調査に行くなど、少しでも経験を伝えたいと思っています。最近は、地震が頻発しているだけでなく、豪雨による災害も多発しています。まさに、日本列島は「災害列島」状態になっています。さらに、南海トラフ巨大地震も危惧されています。

しかし、地震災害では断層付近でのみ被害が多いかのように伝わっていますが、実際は野島断層（兵庫県淡路市にある活断層）直上での建物には大きな被害がなく、沖積低地の軟弱地盤で大きな被害があり、地盤が大きな問題なのです。津波被害でも津波高より遡上高の方が倍以上高くなっているのに、軽視されています。さらに土石流は巨大な岩石が襲い被害をもたらすのに、伝わっていません。また、土で盛られた川や海の堤防は、越水すると簡単に決壊します。

そこで、熊本地震、兵庫県南部地震や各地の地震がどのようなものであったか、復旧過程や対策も含め、その被害実態を述べ、そこから教訓を読みとり、南海トラフ地震に備えるべく、皆さんが何らかのヒントを得られるよう心がけて記述してみました。また、広島や六甲山地の土砂災害、茨城県鬼怒川や兵庫県佐用川洪水被害など各地の豪雨災害を具体的に述べ、今後の豪雨災害の備えの一助となるよう述べました。

さらに、これら災害に対して、自治体の対応がどのようなものであったかも詳細に述べてみました。また、災害が生じても、被害を最小限に抑える施工や対策についてもスペースをさいて記述しました。また、大型市町村合併による避難勧告・指示の遅れや開発事業への自治体の対応についても、その状況について触れました。本書を読むことにより、過去の災害から少しでも教訓を得てくだされば幸いです。

なお、この本は『住民と自治［兵庫版］』（兵庫県自治体問題研究所編集）の連載企画（現在53回連載中）をもとに、書き直したもので、単著になっていますが、多くの方の支援を得ています。特に、兵庫県自治体問題研究所の小田桐功氏、山脇伸児氏などからは多大のご協力を賜りました。また、寺山浩司氏ほか自治体研究社の方々には多大な労力をおかけしました。厚くお礼を申したいと思います。

2016年5月　　　　　　　　　　　田結庄　良昭

南海トラフ地震・大規模災害に備える
——熊本地震、兵庫県南部地震、豪雨災害から学ぶ

はじめに

1　近づく南海トラフ地震

南海トラフ沿いでは、重い海洋プレートのフィリッピン海プレートが軽い大陸プレートのユーラシアプレートに年間3～5cmの割合で沈み込んでいます。そのため、両プレートの境では歪みが溜まり続けるので、その歪みを解消しようと約100年から200年間隔で大地震が発生しています。

1946年の南海地震から70年も経過し、次の大地震が発生する確率はきわめて高くなっています。文部科学省地震調査研究推進本部*1［参考文献・資料番号、以下同］における南海トラフ地震の長期評価において、30年以内の発生確率は南海地震について60％程度、東南海地震について70％～80％とされているのです。しかし、次に生じる地震の震源域の大きさについては、東北地方太平洋沖地震からも明らかなように、現在の科学では予測が困難なのです。例えば、1707年の宝永の大地震の震源域は1854年の安政南海地震や1946年の昭和南海地震の時より西方の日向灘へと大きく広がっていました。また、この付近ではフィリピン海プレートの地殻の厚さが、九州・パラオ海嶺の沈み込む周辺で大きく変化し、プレートの構造が変化していることが示唆されています。

さらに、トラフ軸付近はプレート境界部の固着性が弱く応力を蓄積しないため、大きなすべりはないとされてきましたが、東北地方太平洋沖地震では海溝付近が大きくすべっており、その経験からトラフまでを新たに震源域に加え、領域が広がりました。そこで、南海トラフ全体が動いた場合の震源域の想定が2012年に国により行われました*[1]。

それによれば、南海トラフで発生する地震は、駿河湾から日向灘まで全長約700kmにもおよぶ大きな震源域が想定されています。

さらに、文部科学省地震調査研究推進本部によれば*[1]、この震源断層域の中で強震断層モデルを検討する強震断層領域は、プレート境界面の深さ10kmより深い領域とし（約11万km^2)、津波断層モデルを検討する津波断層領域は、トラフ軸からプレート境界面の深さ10kmまでの領域も新たに含めることにし、拡大しました。そのため、震源領域は約14万km^{2}と巨大となりました。その結果、最大マグニチュードは9.1となり、その評価対象領域が公表されました*[1](**図1**)。

その評価対象領域を見ると、震源領域は巨大となり、また、津波を起こす海底地殻変動の原因になる地下のプレート境界面の大きなすべりが生じる領域も含むので、大津波を伴う強い地震動に見まわれるのです。

この大きな震源域のため、静岡や高知では震度7、大阪府で震度6強など、21府県で震度6弱以上の激しい揺れに襲われます。また、津波の高さは10m以上に達するのが13都県、最大32mと想定されています。この巨大地震での地震被害は、死者32万人以上、238万棟余りの建物倒壊が想定されています。特に、静岡では短時間で高い津波が襲うので、9万6000人以上の津波犠牲者を想定しています。

地震はほぼ100～200年の間に活動期と静穏期が複数回生じていますが、南海トラフ地震のような海溝型地震と熊本地震のような活断層による内陸直下型地震の間には一定の関係があります。最近の活動期は1945年前後の時期が相当します。例えば1944年の昭和東南海地震（M7.9）と1946年の昭和南海地震（M8.0）の海溝型地震の前には、1925年の北但馬地震（M6.8)、1927年の北丹後地震（M7.3)、1943年

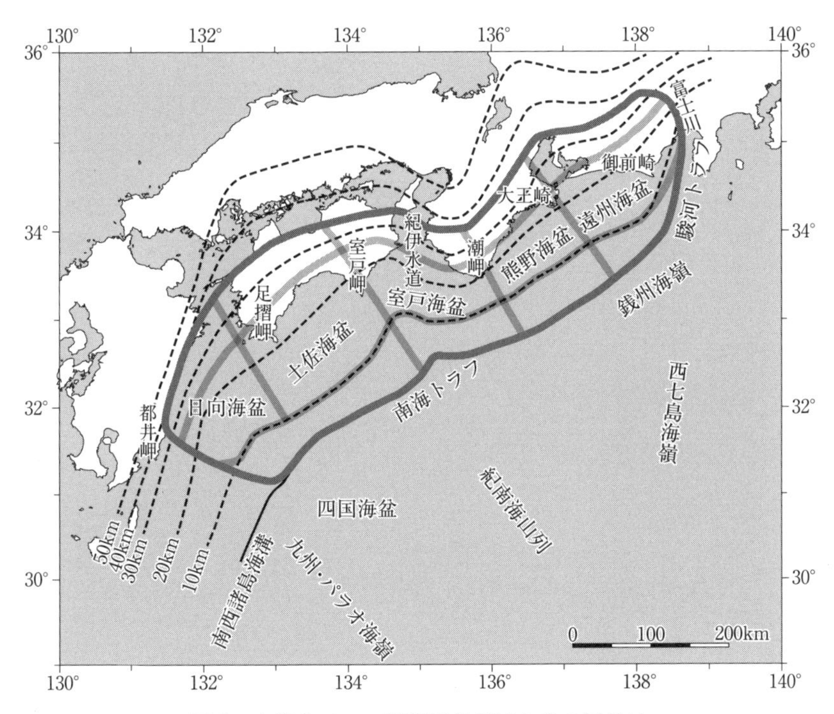

図1　南海トラフの評価対象領域とその区分け

駿河湾から日向灘までが最大クラスの地震の震源域（太線で囲んだ部分）、破線は沈み込むフィリピン海プレート上面の等深線。

出所：地震調査研究推進本部地震調査委員会（2013）『南海トラフで発生する地震の長期評価（第二版）について』、[1]（参考文献・資料番号、以下同）より作図

の鳥取地震（M7.2）、1945年の三河地震（M6.8）など、西日本では内陸直下型地震が多発しました。1854年の安政南海地震（M8.4）の時も、1819年の文政2年の地震（M7.2）、1847年の善光寺地震（M7.4）、1854年の伊賀上野地震（M7.2）が生じるなど、南海トラフ地震の約50年前から内陸直下型の地震活動が活発となる傾向があります。1946年の南海地震の後は、1948年の福井地震（M7.1）、1952年の吉野地震（M6.8）、1963年の越前岬地震（M6.9）くらいで、西日本では兵庫県南部地震まで大きな地震は起こっていません。この時期は地震活動の

図2　日本列島の陸域の活断層分布と1872〜2011年に発生した主な被害地震の震央分布

活断層は近畿・東海地方で特に多く分布し、九州の別府—島原地溝帯にも多く分布する。北海道南西沖地震（1993年）、日本海中部地震（1983年）を加筆。

出所：国土地理院応用地理部（2016）『都市活断層図利用の手引き』、中田高・今泉俊文編（2002）『活断層詳細デジタルマップ』、［3］［4］より作図

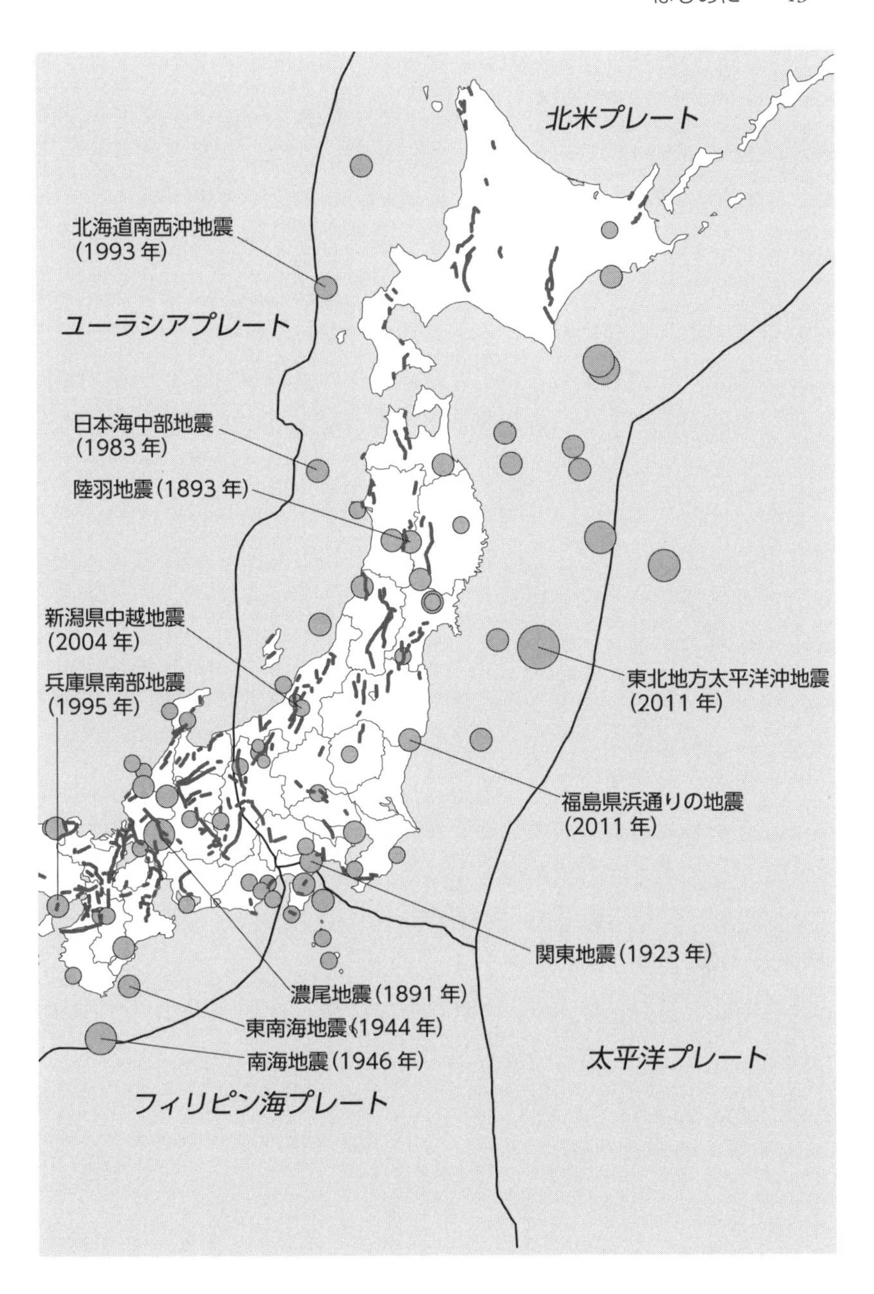
北米プレート
北海道南西沖地震
(1993 年)
ユーラシアプレート
日本海中部地震
(1983 年)
陸羽地震(1893 年)
新潟県中越地震
(2004 年)
兵庫県南部地震
(1995 年)
東北地方太平洋沖地震
(2011 年)
福島県浜通りの地震
(2011 年)
関東地震(1923 年)
濃尾地震(1891 年)
東南海地震(1944 年)
南海地震(1946 年)
太平洋プレート
フィリピン海プレート

比較的静穏な時期と考えられています。

1995年兵庫県南部地震（M7.3）以後、西日本では、2000年鳥取県西部地震（M7.3)、2001年芸予地震（M6.7)、2005年福岡県西方沖地震（M8.0)、2007年能登半島沖地震（M6.9）などが生じており、さらに、直近では、平成28年熊本地震（M7.3）が発生し、活動期に入ったと思われます。この現象の説明として、海のプレートの動きは、海溝型地震の原因となるだけでなく、陸のプレートも圧迫し、内陸部の岩盤にも歪みを生じさせるので、活断層帯の歪みが高まるため、南海トラフ地震が近づくと、内陸直下型地震が増えるのではないかと考えられています。

なお、日本には2000を超す活断層があり[*2]、その付近ではM6クラス以上の地震は日本のどこでも起こります[*3,4]（図2)。特に近畿・東海地方や九州中部では活断層が多く分布し、要注意です。また、フォッサマグナ付近や東北の脊梁部にも多くの活断層が見られるほか、四国や紀伊山地には長大な中央構造線が分布します[*4]。西日本に活断層が多いのは、西日本がフィリッピン海プレートに押され続けているので、この地域の岩盤が東西方向に圧縮され、そのため歪みが蓄積され、活断層が多数分布しているのです。なお、新潟―神戸間は圧縮力によって変形が集中する歪み集中帯となっており、特に地震への警戒が必要です。さらに、東北地方太平洋沖地震では海底が55mもずれ、東北地方全体が5mも東に動く余効すべり（地震後にゆっくりすべる運動）が生じるなど、日本列島の応力場（地層に加わる力の様相）は激変し、不安定となり、どこでも地震が起こる可能性があります。

2　多発する豪雨災害

2015年9月、370mmの豪雨で、茨城県の鬼怒川では堤防が決壊し、大規模に浸水し、数千人が浸水を受ける被害が発生しました。2014年8月には、局地的な集中豪雨により広島土砂災害、丹波豪雨災害が生じ、多くの犠牲者が出ました。このような局地的で短時間での記録的集中豪雨は、日本列島のどこでも生じており、最近の豪雨災害の特徴をなしています。2013年には、豪雨により伊豆大島土砂災害が生じたほか、山口市や萩市でも豪雨による土砂災害で多くの犠牲者が出ました。最近の近畿地方の豪雨災害を見ると、2011年台風12号により、紀伊山地では連続雨量が1600mm以上にも達し、150箇所以上にも及ぶ深層崩壊を含む斜面崩壊、土石流が発生しました。2009年8月に兵庫県西部佐用町では、327mmの豪雨で佐用川が決壊、氾濫し、20名もの犠牲者を出しました。同じ年、山口県防府市でも豪雨による土砂災害が生じ、犠牲者が出ました。2008年7月には神戸市の都賀川で、30分で38mmの豪雨があり、鉄砲水が発生し、親水公園にいた5名が犠牲となりました。

このように、最近の日本列島では豪雨災害が多発し、さらに火山活動も活発となり、自然が牙をむきだしたとも言えます。どのように私たちは対処すれば良いのでしょうか。改めて、熊本地震、兵庫県南部地震など地震災害や広島土砂災害、鬼怒川洪水災害など最近の豪雨災害の状況を述べ、これら災害から教訓を見出し、南海トラフ巨大地震や豪雨災害に備える方策を導き出すことは重要かと思われます。

なお、この本では、できるだけ学術用語を避け、誰もが理解しやすい言葉で表現することを心がけました。そのため、言葉足らずや厳密な引用になっていないことをお断りしておきます。

参考文献・資料

[1]　地震調査研究推進本部地震調査委員会（2013）『南海トラフの地震活動の長期評価（第二版）について』92頁

http://www.jishin.go.jp/main/chousa/kaikou_pdf/nankai_2.pdf
[2]　地震調査研究推進本部地震調査委員会（1999）『日本の地震活動』〈追補版〉、6 頁
http://www.jishin.go.jp/main/pamphlet/katsudanso/Chap2.pdf
[3]　国土地理院応用地理部（2016）『都市活断層図利用の手引き』21 頁
http://www.gsi.go.jp/common/000112914.pdf
[4]　中田高・今泉徹編（2002）『活断層詳細デジタルマップ』東京大学出版会、60 頁

第1章　熊本地震とその教訓

1　二度も震度7が生じた熊本地震とは

2016年4月14日に熊本県でマグニチュード6.5の大きな地震が生じました。この地震により震央付近の熊本県益城町(ましきまち)では、震度7の激震にみまわれました。気象庁は、この地震を平成28年熊本地震と名付けました[*1]。この地震は布田川(ふたがわ)断層帯が北側に、日奈久(ひなぐ)断層帯が南側にあり、これら断層帯が交わる付近で生じました。これら断層帯は九州を北東～南西方向に横切る全長約100kmと九州最長の断層で、地震が起こる可能性が高いと注目されてきた断層です。4月14日の地震の震源付近には日奈久断層帯があり、余震もこの断層に沿って起こっており、今回、この断層がずれ動いて生じたと考えられています[*1]。

引き続いて、4月16日、すぐ北側でM7.3の地震が生じました（**図3**）。このM7.3の地震は布田川断層の布田川区間が右横ずれを起こしたため起きた地震です。震源の深さは10kmと浅かった。また、布田川断層は従来の19kmより長い断層が活動したとしました。気象庁はこの地震を本震とし、M6.5の地震を前震であると発表しました[*1]。一般に大きな地震の前には前触れとなる地震がおき、その後、本震が生じます。そこで、最も地震規模の大きいものを本震としたのです。この地震で、4月14日の地震で傷ついた益城町や熊本市で家屋倒壊が進み、大きな被害となりました。

この本震の後に、布田川断層帯の北東延長部の阿蘇地方でM5.8、震度6強の地震が生じ、さらに東に拡大し、別府万年山断層帯付近で

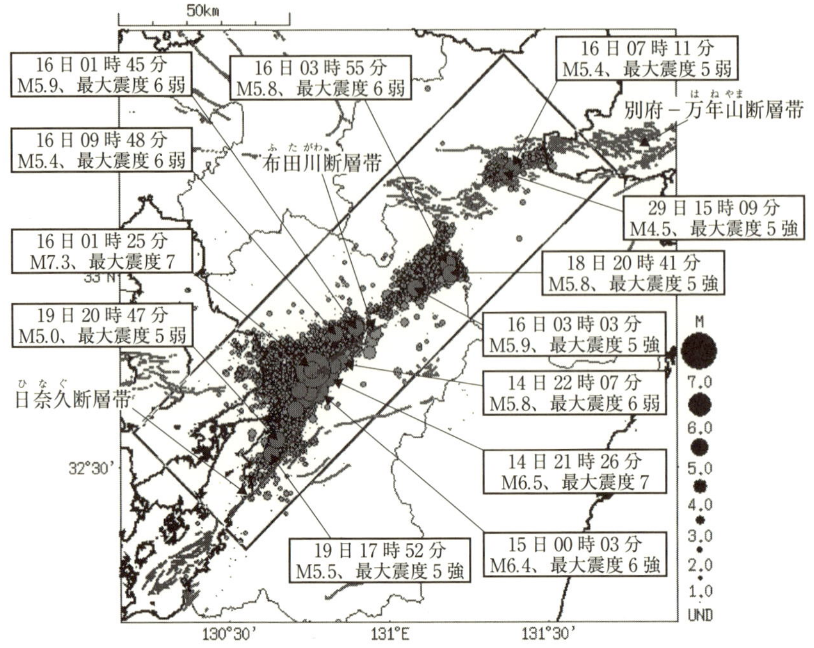

図3　「平成28年熊本地震」の熊本県から大分県にかけての地震活動の状況（4月30日現在）

16日のM7.3が本震、地震は別府―島原地溝帯に広がる、線は活断層を示す。
出所：気象庁（2016）『平成28年熊本地震』について（37報）、[1] より作図

M5.3、震度5弱の地震が起きました*1。大きな地震が生じると、震源になった断層の歪みは解消されますが、逆にその延長線上にある断層の歪みは増すので、そこは動きやすいのです。

阿蘇地方の地震で、南阿蘇村では大規模斜面崩壊が生じ、家屋の倒壊などが至る所で発生するなど、大きな被害となりました。阿蘇地方に分布する火山灰は脆く、粘土化して膨張し、崩れやすいのが特徴です。そこが地震で揺すられたので、至る所で崩壊したのです。

なぜ、このような激震となったのでしょうか。熊本地震は地下 10km の浅いところが震源の内陸直下型地震で、海溝付近のプレート境界がすべる、遠くの海溝型地震と異なっています。そのため、震源断層面の破壊で生じた地震動が弱まらず、すぐ地表に到達するため、大きく揺れます。特に、震源付近では突き上げるような強烈な揺れが襲うため、地震規模に比べ震度が大きくなったと考えられます。実際、地震の揺れの強さを表す加速度の単位であるガルは、防災科学技術研究所によれば 1580 ガルときわめて大きかったのです*2。兵庫県南部地震でも 891 ガル以下で、いかに大きな揺れであったかがわかります。なお、気象庁の観測では*1、震度 7 などの強い揺れは狭い範囲に限られ、震源から離れると震度 5 弱と弱くなっています。また、震源から 20km 以内では 500 ガルを越えていますが、それより遠くなると急速に低くなっています。

なお、地震規模を表すマグニチュードは、動いた断層、つまり震源断層面の面積とずれ量で決まります。そのため、震源断層面の大きさが地震規模を決めます。兵庫県南部地震では約 455km^2 で M7.3、東北地方太平洋沖地震では約 10 万 km^2 で M9.0、南海トラフ巨大地震では約 14 万 km^2 で M9.1 が想定されています。なお、今回の地震波は、周期 1～2 秒の成分が強かったことがわかってきました*1。この周期 1～2 秒の揺れは、兵庫県南部地震でも見られたもので、2 階建ての木造住宅の固有周期と合っているので、共振が起こり、木造住宅を破壊しやすいのです。このように、直下型地震は震源が浅く、地震動が減衰せず直接家屋を襲うので、地震規模のわりに大きな被害を与えるのです。

熊本県発表によると、今回の地震での被害は、死者・行方不明 50 人、住宅被害 12 万 5000 棟以上と大きな被害となりました。犠牲者の多くは家屋倒壊による圧死や窒息が原因でした。

2　心配される広域での地震活動、土砂災害

本震により益城町では、直線状の亀裂が見られるなど、地表地震断層が出現しました。この地表地震断層は、産業技術総合研究所などによれば水平に約2m以上右方向にずれており、右横ずれ断層であることがはっきり読みとれます*3。そして右横ずれ断層が10km以上続いていたのです。国土地理院は、断層が約27km近く動いたと報告しています*4。GPS（Global Positioning System）を用いた国土地理院の調査では、97cm南西に移動したと報告しています。右横ずれ断層は兵庫県南部地震でも生じており、右横ずれの方向に地震動が伝わりやすいので、その方向では甚大被害となります。阪神・淡路大震災でも、震源の淡路島より、右横ずれ方向の神戸などで被害大きかったのです。

布田川断層帯は阿蘇から長さ64km以上で、西の宇土（うと）まで延び、30年間の地震発生率が0.9％と高い確率です。一方、日奈久断層帯は八代まで長さ81kmで、今回動いたのは北部の16kmで、南部は動いていないので、今後、地震が誘発される可能性があります。別府万年山断層帯は別府から大分県西部に東西方向に分布する断層帯で、中央構造線に続く断層で、今後30年間の地震発生率が4％ときわめて高いグループの断層帯です。

なお、九州には熊本から大分にかけて溝状の地溝帯、別府―島原地溝帯があり、そこでは九州が南北に引っ張られる力が働いており、それにより右横ずれが生じているところで、地下構造が不均質で、上記断層帯など断層が多数分布し、地震や火山が多いところです。

このように、今回、熊本地方、阿蘇地方、大分県の3箇所で別々の地震が発生しました。気象庁はM7.3の熊本地震がきっかけとなり、歪みがたまり、地震が誘発されたとの見方を示していますが、このよう

なケースはあまりなく、別府―島原地溝帯全域に活動域が広がることが心配されます。

今回の地震の特徴として、余震回数がきわめて多いのが特徴で、1500 回以上で、そのうち、震度７と震度６強が２回、震度６弱が３回、震度５強が４回、震度５弱が７回など、多くの強い余震が起こりました。宇土では震度６強の揺れで市役所が大きく損傷しました。本震の後には、その周辺で余震が生じますが、本震に比べ M1 程度小さいことが普通です。一般的には内陸の浅い震源の地震では余震が活発化する傾向があります。余震回数の多さは兵庫県南部地震を超え、新潟県中越地震をも超えています。

今回の地震で、阿蘇地方を中心に土砂崩れが多発し、その土砂に家屋が呑みこまれて被害を受けるケースも目立ってきています。阿蘇地方の地盤は阿蘇山の火山噴出物からなり、脆く、土砂災害に遭いやすい地質です。土砂崩れが発生した付近は、固い溶結凝灰岩の岩盤上に、スコリアと呼ばれる多孔質の黒色の軽石や火山灰が堆積しています。スコリアは水を通しやすいが、下には水を通しにくい溶結凝灰岩の岩盤があり、雨水が溜まると簡単に表層が崩壊します。火山灰は水と反応し、粘土鉱物に変化してすべりやすくなります。崩壊した火山灰を含む土砂は水と混ざり、土石流となって家屋を襲います。実際、４月 17 日の雨で、土石流が 14 箇所、地すべりが９箇所生じました。伊豆大島では 2013 年の豪雨で溶岩の上のスコリア層が崩壊し、土石流が発生し、多数の犠牲者を出す大きな被害になりました。

熊本県と国土交通省は５月末、震度５強地域の 3000 箇所以上を点検し、地表の崩落や亀裂などを確認した 92 箇所が、国の基準で「応急的な対策が必要」とする危険度Ａにあたると認定しました。これを受けて、熊本県は応急対策工事を急いでいます。阪神・淡路大震災では約 750 箇所で崖崩れが生じ、その後の雨で 1500 箇所にも広がりました。

地震で亀裂など損傷しているため、少量の雨でも崩壊するのです。

3　近畿でも地震、火山噴火は、原発は

近畿・東海地方は、直下型地震を起こす活断層が九州より多く分布し、日本で最も密集している地域です（**図2**参照）。地震調査研究推進本部は今後30年以内の発生確率を発表しており*5、それによれば、上町断層［大阪府を南北に貫く活断層］（M7.5程度）の確率が2～3%と高く、琵琶西岸断層帯（M7.1程度）が1～3%、中央構造線断層帯、和泉山脈南縁（M7.6程度）が0.07～14%、中央構造線断層帯、金剛山地東縁（M6.9程度）が0～5%と、発生確率が高い活断層が多く、六甲・淡路島断層帯も要注意の活断層です。南海トラフ地震はおおよそ100～200年間隔で起きていますが、活断層による地震は発生予測が事実上難しいのが実状です。

今回の熊本地震では次々と地震が誘発され、別府—島原地溝帯全体が問題となってきていますが、さらに、それが中央構造線にも影響をおよぼす可能性があります。なぜなら、過去にも九州で地震があり、少し間をおいて、京都伏見の地震がありました。すなわち、1596年9月に別府湾近傍での慶長豊後地震、愛媛での中央構造線を震源とする慶長伊予地震が生じ、さらに4日後に慶長伏見地震と、立て続けにM7.0規模の大きな地震が生じたのです。このように、過去には、九州で起こった地震に誘発され、近畿まで広域で地震活動が生じた歴史があるので、近畿での地震はありえないことではありません。さらに、活断層が見つかっていないところでも地震は生じています。例えば、2000年の鳥取県西部地震（M7.3）や2007年の岩手・宮城内陸地震（M7.2）では活断層が見られないところでも起こっています。

本震の後、4月16日朝には阿蘇山で小規模な火山噴火が起こりまし

た。火山と地震はどのような関係にあるのでしょうか。火山噴火はマグマ溜まりの発砲（泡立ち）で起こります。発砲が起こると、マグマ溜まりはふくれあがり、軽くなって上昇し、火山噴火に至ります。火山付近で地震が起こるとマグマ溜まりは揺すられ、地殻にひびが入ると、減圧され、マグマ溜まりはラムネの栓を抜いたみたいに急激に発砲し、千倍以上にもふくれあがり、軽くなり、上昇し噴火します。実際、宝永の大地震のあと、富士山の宝永大噴火が起こりました。今回、震源が近く、これほど揺すられると、阿蘇山の噴火が起こってもおかしくはありません。要警戒です。

政府は、川内原発1、2号機は敷地内の揺れが、原子力規制委員会の設定値である基準地震動の620ガルを下回っていたので、原発の運転継続を認めました。しかし、今回の地震で日奈久断層帯は、北部の一部のみが動いた地震で、延長線上にある南西部の断層の歪みは増すので、動きやすいのです。余震は南西へも延びてきており、八代でも大きな余震が生じており*1、今後南西部が動く可能性が充分にあります。日奈久断層帯の南西部から少し離れて川内原発1、2号機があります。安全を最優先にして、今回の地震が落ち着くまで、原発の運転を停止して様子を見るのは当然ではないでしょうか。また、四国の伊方原発は中央構造線近くにあり、基準地震動を650ガルに上げたばっかりです。しかし、今回の地震では1580ガルを記録しており、再検討が求められます。

4　家屋被害は緩傾斜の軟弱地盤地に集中

熊本地震では、益城町の中心部が最も甚大な家屋被害を受けました。この被害甚大地区は断層直上ではなく、布田川断層から約2〜3kmの北に位置しています。断層直上では横ずれ変状が見られますが、その

図 4　益城町の軟弱地盤からなる緩傾斜地に、東西に帯状に広がる被害集中地域
資料：地形図は国土地理院（2016）「ようこそ電子地形図へ」[6] を使用

付近は農地で、家屋被害は検討できませんでした。益城町で被害集中地域があったのは、北部の県道 28 号線沿いから、南部の秋津川にかけて、西は国道 443 号線から県道 235 線までの東西約 2km、南北が約 300～400m の東西に「帯状」に広がっていました（図 4)。これら地区は、やや標高の高い所の県道 28 号線から低い所の秋津川にかけて緩く傾斜した地区で、この緩傾斜地では集中的に家屋が被害を受け、場所によっては、その地区全体で全壊家屋が生じていました。家屋被害は 1981 年以前の旧耐震基準の古い建物だけでなく、新しい家屋も被害を受けていました。兵庫県南部地震でも、私の住んでいた長田で帯状に家屋被害が甚大であった「震災の帯」とよく似ており、当時の記憶がよみがえってきました。

図５　地震動による地盤変状

道路は亀裂や陥没で波打ち、マンホールが浮き上がるなど地盤変状が顕著（筆者撮影）。

益城町の被害の大きな特徴として、地盤の変状が顕著なことです。緩傾斜地では敷地には大きな亀裂が入り、一部陥没し、路面の至る所で亀裂が見られます。安永地区では道路はうねり、傾斜側に陥没し、マンホールなどは浮き上がっていました（図５）。寺迫地区でも道路に亀裂が入り、陥没し、マンホールの浮き上がりが見られました。さらに、傾斜した敷地の頭部では開口亀裂が見られ、敷地が傾斜方向にずり下がり、家屋は基礎部が壊れ、全壊していました。このように、緩傾斜敷地では傾斜側に向かって地盤がずり下がるように亀裂が入っています。そのため、建物基礎の損傷が甚大で、地盤の亀裂、沈下、さらに建物と基礎部の乖離などが多くの地点で見られました。地盤損傷のため、建物の多くが全壊状態です。また、石垣など擁壁（斜面の崩壊を防ぐために設計・構築される壁状の構造物）は、ほとんどが倒壊や損傷を受けています。例えば、厚いコンクリート擁壁も割れ、倒れ込む被害が多発しています。そのため、多くの家屋の敷地には、「危険」の赤い紙が張り出されていました。

また、家屋も基礎部での損傷が多く、沈下やひび割れのため、外観はしっかりした新しい家屋でも、傾斜し、「危険」の赤い紙が貼られている場合が多い。木造２階建て住宅では多くが、１階が完全につぶれ、２階が１階になっているケースが目立ちます。特に、瓦葺きの重たい家屋で、この傾向が強いのが特徴です。この現象は比較的新しく立派な瓦葺きの大きな家屋でもやはり、１階が潰れています。また、新耐震の建物も、完全に潰れるのではなく、大きく傾斜したり、部屋の一部が損傷するなどの被害を受けています。県道28号線沿いの商店では１階の壁の少ない商業施設が潰れている場合が多く見られました。

家屋被害はこの地区でまんべんなく生じているのではなく、東西方向には全壊家屋が集中して分布しますが、南北方向の地盤の傾斜方向では、傾斜がやや大きいところで家屋被害が大きいが、傾斜のより緩やかな所で被害は弱くなります（図4)。さらに、秋津川沿いの平地では、家屋被害は、逆に軽微となっています。また、益城町役場より北のやや高台の地区では、古い木造住宅の被害は大きかったが、新耐震の新しい家屋では被害が軽微で、家屋被害の分布はまだら状となっています。

5　家屋被害集中の要因

この付近の表層地質を見ると、未固結のシルト（砂より小さく粘土より粗い砕屑物）混ざりの砂層が主体で、時にれき（粒径2mm以上の砕屑物）が混ざり、手で簡単にくずせるなど緩い層からなっています。おそらく秋津川などの河川堆積物であると想像されます。なお、この層の下位には阿蘇の火山噴出物があり、さらにその下位に第四紀（地質時代の一つで、258万年前から現在までの期間）の未固結の下陳れき層が分布しています*7。表層地盤としては決して良くなく、液状化しやすい層と言えます。なお、緩傾斜地では、亀裂など地盤の変状は著しいが、噴砂など明らかに液状化した形跡は馬水の駐車場などごく一部を除き見られませんでした。しかし、傾斜がさらに緩い河川に近いところで地盤変状が著しい所では、複数地点で湧水が見られ、水溜まりが生じていました。地下水位は不明ですが、湧水から判断して浅い可能性があります。なお、阪神・淡路大震災でも「震災の帯」地区は地下水位が2m以下ときわめて浅く、さらに、地盤も約6400年前の縄文海進による軟弱層が発達しており、緩傾斜地も多くあり、益城町と神戸市南部は似た地質条件を持っています。

地盤は液状化までいかなくても、地震動で地層の間隙水圧が高くなるため、地盤支持強度がかなり落ちた可能性があります。すなわち、1580ガルもの強い揺れで、液状化までいかなくても緩い砂層中の間隙水圧は高くなり、一部土の粒子の結合を切るので、地盤支持強度がかなり落ちた可能性が高いのです。さらに、緩傾斜地なので地盤支持力が落ちた地層は傾斜方向に滑りやすくなる結果、家屋の足元が損傷し、被害を大きくさせた要因の一つと考えられます。なお、ごく最近の新聞報道によれば、名古屋大学の鈴木康弘教授らは、布田川断層から枝分かれした新たな分岐断層が表面に出ているとし、この分岐断層が被害集中地域の益城町中心部に向けて延びているとしており、断層分布や地盤情報などをあわせた検討が必要かもしれません。

国は建物の耐震基準や設計には熱心ですが、地盤の耐震化は、3000m^{2}以上の大規模谷埋め埋土地（まいどち）（土砂で盛土して谷を埋めた宅地など）に適用されているのみで、まだ多くの問題があります。被災住民の多くは路面の亀裂を断層と思っている方が多く、断層で壊れたなど、断層を強く意識されています。個々の家屋では地盤が大きく影響することをもっと検討すべきではないでしょうか。

傾斜した家屋被害の復旧には、ジャッキアップに高いときは約500万円、地盤改良工事に約1000万円以上の巨額のお金がかかり、大変です。すでに地盤改良業者が入り、調査を行っていますが、石垣も全部を積み直すのでなく、庭に溝を掘り、塩ビ管をむき出しで設置して排水し、水をしみ込ませず土圧を上げないなど安くする方法があります。しかし、中立の立場で助言する機関がありません。しかし、あいかわらず道路や公的機関の再建などが最優先です。このことは、阪神・淡路大震災以来、あまり変わっていません。仮設住宅もプレハブ建設に一戸あたり200～300万円以上もかかるので、もとあったところに、後でも使える木造仮設を建てるなど、個人の住宅再建につながる思い切った柔軟な対策が望まれます。

参考文献・資料

［1］ 気象庁（2016）『平成28年熊本地震』について
www.jma.go.jp/jma/menu/h28_kumamoto_jishin_menu.html

［2］ 防災科学技術研究所（2016）熊本地震に関する調査研究資料
http://ecom-plat.jp/nied-cr/index.php?gid=10153

［3］ 産業技術総合研究所（2016）平成28年（2016年）熊本地震及び関連情報
https://www.gsj.jp/hazards/earthquake/kumamoto2016/index.html

［4］ 国土地理院（2016）平成28年熊本地震に関する情報
http://www.gsi.go.jp/BOUSAI/H27-kumamoto-earthquake-index.html

［5］ 地震調査研究推進本部（2016）京都府周辺の主要活断層帯と海溝で起こる地震
http://www.jishin.go.jp/main/yosokuchizu/kinki/p26_kyoto.htm

［6］ 国土地理院（2016）「ようこそ電子地形図へ」
http://dkgd.gsi.go.jp/dkgx/page1.htm

［7］ 岩内明子・長谷義隆（1989）「熊本県上益城郡益城町津森層の花粉分析」『熊本大学教育学部紀要 自然科学編』No.24, 103-110頁

第2章　兵庫県南部地震とその教訓

1　兵庫県南部地震とはどのような地震だったのか

1-1　兵庫県南部地震とは

兵庫県南部地震は1995年1月17日午前5時46分に岩盤の破壊が明石海峡付近の深さ約14km付近で始まり、破壊は両サイドの2方向へと割れていき、一つは南西方向へ淡路島中部まで、他の一つは北東方向の神戸市須磨へと割れ、10数秒後に止まり、その長さは約50kmにも達しました。その結果、地震の規模はマグニチュード7.3となりました[*1](図6)。地震動はどうだったでしょうか。物体に働く力は加速度に比例します。神戸海洋気象台での加速度は南北818ガル、東西617ガル、上下方向が332ガルでした。地震計の記録から大きな揺れが続いたのはわずか数秒でした。この激震に対して、気象庁は家屋の全壊率が30%を超える震度7と発表しました[*2]。この強震動は1948年の福井地震以来の適用です。この震度7の激震域は神戸市須磨区から西宮市にかけて長さ約20km、幅約1kmの帯状に分布しており[*1]、淡路島北淡町や宝塚市の一部も震度7でした。この震災の帯は余震分布と一致せず、その南側に位置しています（図6)。なお、有馬―高槻構造線は動きませんでした。地盤と加速度の関係を見ると、花崗岩岩盤の六甲台では305ガルでしたが、沖積地盤では833ガルと2～3倍の値となり、地震被害に地盤が甚大な影響を与えました[*2]。

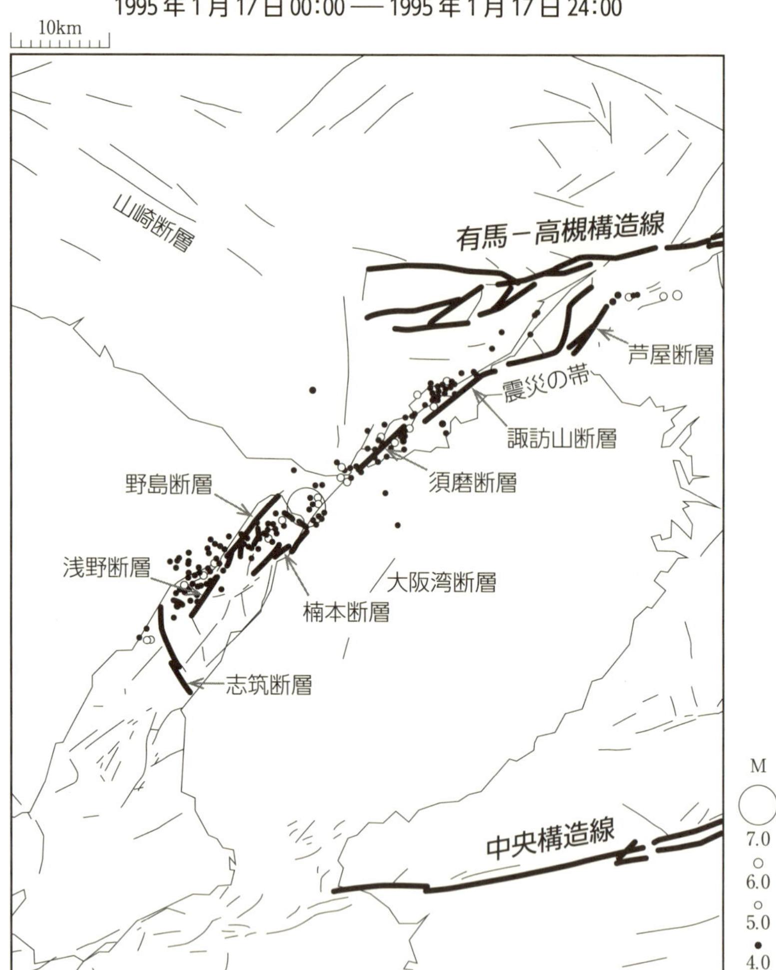

図6　兵庫県南部地震のM3.0以上の余震の震央分布と付近の主な断層

余震分布と活断層分布は重なるが、震度7の「震災の帯」は余震分布南側の沿岸部寄りに位置する。大きな○は震央。震災の帯、山崎断層、大阪湾断層を加筆。

出所：気象庁（1997）『気象庁技術報告』第119号、[1] より作図

1-2　兵庫県南部地震による被害の特徴

兵庫県南部地震による死者・行方不明者は1998年時で6433人、負傷者は4万人を超えました。家屋の倒壊による死者が圧倒的に多く、特に、地震直後の死者の8割は住宅の倒壊と大型家具の転倒に起因しています。一方、焼死者は約1割でした。住宅の全半壊棟数は20万棟を超えました。この大規模な住宅被害が、その後の復興に大きく影響しました。なお、火災によるものは約7000棟でした。倒壊住宅の多くは1981年施工の耐震基準以前の古い時代のもので、実に95％に達しています。ライフラインの被害も深刻で、電気は1週間程度で回復に向かいましたが、水道・ガスの全面回復には2〜3か月を要し、被災者に過酷な影響を与えました。

兵庫県南部地震では神戸市を中心に広域的な火災が生じました。特に、老朽化した家屋や店舗、ケミカルシューズ工場の多い長田区で甚大でした。同時多発火災では消防力は対応ができませんでした。消防庁の発表では出火は293件、焼失面積は約100ha以上と言われています。また、地震後の通電によるショートでも火災が生じました。大都市での広域火災に大きな警鐘を鳴らしましたが、対策は進んでいません。

兵庫県南部地震では地盤の大規模な液状化が見られました。ポートアイランドでは顕著な液状化が生じました。神戸港の岸壁や護岸背後の地盤は液状化し、側方へ流動したため、岸壁が海側にはみ出し1〜2mも沈下しました。エプロン部では陥没や沈下が大規模に生じ、神戸港の機能の8割が長期間麻痺しました[*3]。液状化は河川の堤防でも生じ、淀川左岸堤防では3mも沈下、猪名（いな）川でも大きく損傷しました。南海トラフ地震による津波が襲えば、大きな被害が生じるでしょう。液状化は内陸部の池や谷を埋めた埋土地でも多数生じました。地山（じやま）近くの埋土層下部付近が液状化して滑り、住宅が傾くなどの被害が多発したのです。御影浜や須磨港では液状化でタンクが2〜3mも移動し、あわや火災が生じる寸前でした。なお、液状化は自然地盤でも生じています。約6400年前の縄文海進時の海底に堆積した軟弱な沖積層や旧河道でも液状化が多発しました。南海トラフ地震は3分を超える地震動継続時間のため、さらなる大規模な液状化が生じることが想定されます。

2　軟弱地盤や浅い地下水位地域で甚大被害
——軟弱層からなる都市地盤

2-1　縄文海進による河内湾の誕生

今から約6400年前の縄文時代の初め頃、気候が暖かくなり、海水準が高く、現在より海水面が約3mも高くなりました。そのため、河内平野に海が浸入し、生駒山の麓まで海が浸入し、河内湾が形成されました[*4]。この湾も淀川や大和川から運ばれた土砂により三角州が形成され、埋め立てられていきます。このようにして、大阪平野や尼崎平野などが形成されたのです。関東平野など全国の平野もこのようにして形成されました。

堆積した土砂は砂や泥が主体で、未固結のきわめて軟らかい軟弱な地層です。特に、粘土層はまるで泥田のようです。地盤の強さを示すN値（標準貫入試験）は10以下と緩く、しばしば0〜5程度と非常に緩い地盤なのです。ここで、N値（標準貫入試験）とは、ボーリング孔底に63.5kgのハンマーを75cmの高さから落として打撃し、これを地盤に30cm貫入させるときの打撃回数のことで、一般に砂地盤で5以下が軟弱層です。兵庫県南部地震では、この軟弱地盤において家屋が甚大な被害を受けました。

2-2　兵庫県での縄文の海とその堆積層

縄文海進により尼崎地域では、JR線を超え阪急線の南側まで海となりました。その海底に猪名川や武庫川から運ばれた土砂が堆積し、平野が形成されました。この沖積層は地下30mまで分布し、厚く堆積しています。沖積層の中で海成粘土層は、尼崎粘土層と呼ばれ、海岸部に行くほど厚くなり、厚さが15mにも達します。尼崎粘土層のN値は一般に5以下で、時に0～1程度と軟弱で、地盤支持力がきわめて弱いのです。

神戸市付近の縄文海進で形成された沖積層の分布を見てみましょう。山地から流下する河川は、平地に入ると丘陵地を浸食するため、数多くの谷が刻み込まれ、地形面を細区分し、砂礫からなる扇状地を形成し、その山麓扇状地の末端部に縄文海進による沖積層が分布しています[*5]。この縄文海進時の海岸線が神戸市内の花隈（はなくま）の崖などに残されています。当時は現在の海面を3m上回っていたので、その波が崖を作ったのです。神戸駅付近ではJR線を越えて海が入っていました。そして、この縄文海進時の海底に堆積した軟弱な地層の分布をみると、被害の大きかった長田区、灘区、東灘区の南部によく分布しています。同じように、日本の都市平野部は縄文海進時に堆積した軟弱層からなっています。

2-3　縄文海進で形成の軟弱層と地震被害の関係
―軟弱層で地震動が増幅

兵庫県南部地震では、細長い帯状の地域に地震被害が集中し、「震災の帯」と称されました。神戸では山麓部と海岸部に挟まれた細長い地域が「震災の帯」です（**図7**参照、震度7と超震度7が「震災の帯」に相当する）。この原因についてさまざま議論され、「震災の帯」の直下には未知の活断層があり、その活動によるとされましたが、その後の詳細な調査で活断層は見つかりませんでした。次に、六甲山麓から市街地の低地にかけ、花崗岩基盤が急に深くなっており、この地下構造に規制されて、地震波が幅の狭いゾーンに集中したフォーカシング現象が提案され[*6]、この案がかなり支持されています。しかし、「震災の帯」と縄文海進で形成された沖積層の分布はよく対応しており、地表地盤の特性も大きくかかわっていると思われます。縄文海進時に堆積した軟弱層の分布を詳細に見ると、長田区、灘区、東灘区の南部に広く分布しており、そこが著しい地震被害を受けたのです。一方、元町付近には、この軟弱層が分布せず、そこでは被害が顕著ではなかったのです。

一般に、地震の揺れは軟らかい地盤ほど増幅されるため大きく、地震被害も大きくなります。特に、地表部の超軟弱層である沖積粘土層が厚いほど被害は大きくなります。例えば、長田地区の地表から5mの深さの地下構造を見ると、沖積粘土層が厚いほど被害が大きくなっています。

地震被害と地盤の関係を入倉[*7]の強震動図から読みとると、古い木造家屋の被害は、沖積地盤で非常に大きく、洪積地盤でやや大きく、岩盤地盤で小さくなるなど、地盤により被害状況が大きく異なっており、地盤による影響が甚大でした。この事実からも、「震災の帯」は軟弱な沖積地盤からなるため、被害が甚大になったと言えるでしょう。実際、1995年1月25日の余震で沖積地盤に建つ福池小学校では、岩盤に建つ神戸薬科大学の10倍のゆれ（振幅）が記録されています。以上から、「震災の帯」の原因は軟弱地盤も大きな要因の一つと考えられます。

2-4　浅い地下水位も大きく影響

家屋の井戸や建築時のボーリング資料から地下水位（自由地下水面）の深さを調べると、地下水位が浅いことが判明しました[*8]（図7）。

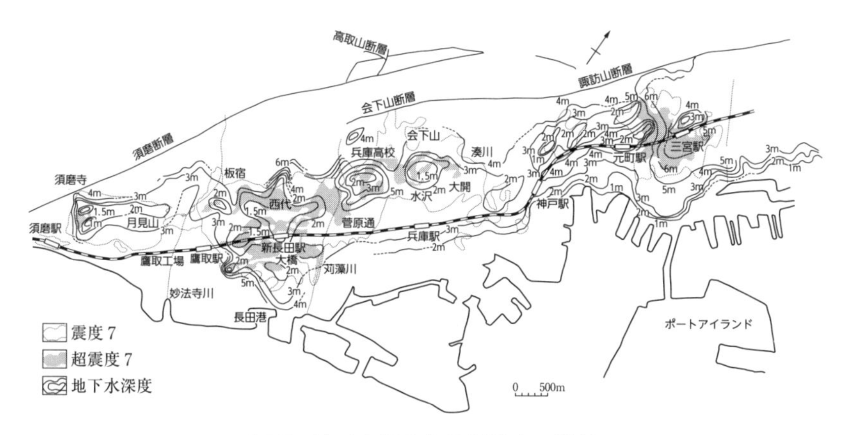

図7　地下水深度と地震被害の関係

数値は地下水深度（自由地下水面）、震度7域（打点部）は地下水位が2m以下と浅い。
出所：田結庄（1997）『応用地質学会誌』38巻、[8] より作図

震度7と超震度7の「震災の帯」地域を見ると、地下水位が2m以下ときわめて浅くなります。特に、沖積層が発達する長田区、灘区、東灘区で、木造家屋倒壊率50%以上の超震度7地域では、地下水位が1.5m以下とさらに浅くなります*8。このように、被害甚大地域は地下水位の浅さと密接な関係を持っています。地下水面より下位の地層は、水に飽和しており、地震で揺さぶられると、土粒子間の水は土粒子のように体積減少ができず、そのため間隙水圧が高くなります。その結果、土粒子の結びつきを弱くし、地盤支持力が落ち、古い木造住宅は簡単に倒壊するのです。このように、神戸市街地には軟弱な沖積層が地表近くに存在し、しかも地下水位が浅いため、甚大な被害を被ったと考えられます。

3　谷埋め埋土地で甚大被害
——東日本大震災でも顕著

3-1　地震による宅地被害

東北地方太平洋沖地震では、これまで津波被害が中心に報告されていますが、仙台市周辺では家屋の傾き、宅地の陥没、地すべりなど、被災宅地が数千箇所以上で生じるなど、宅地被害が多発し、一部では集団移転も行われました。兵庫県南部地震でも同様に宅地被害が多発しました。特に谷埋め埋土地では大きな被害が生じました。

3-2　兵庫県南部地震での宅地被害

兵庫県南部地震では山裾のゆるい谷埋め埋土地で多数の被害が生じました。芦屋市の宅地被害を見ると、被災宅地は傾斜の緩い谷埋め埋土地で、盛土の厚さは約2〜5mです。ここではマンション周囲の地面が陥没し、建物は全体に沈下し、東へ移動し、コンクリート基礎杭も損傷しました。10数m宅地下部にある住宅の庭は逆に20〜30cm隆起しました。すなわち、旧の谷の頭部が沈み、下流側に移動する地すべりによる被害で、盛土層の底が滑ったと思われます。

兵庫県南部地震では、神戸市の学校122校中21校が建て替え、10校が大規模修理、35校が中規模修理を要する大きな被害が生じました。被害を受けた学校の多くは谷や池を埋めた学校でした。特に、神戸市長田区周辺では丘陵地の谷を埋めた学校7校中6校で大きな被害を受けました。さらに、病院などの公共建物をみると、約35%が溜め池などの人工改変地に建てられていました。谷や池を埋めた土地は地震により大きな被害が出る可能性が高いのです。

3-3　谷埋め埋土地の被害要因

谷埋め埋土地域の多くは、盛土中あるいは盛土と地山の境界に地下水位が位置しています。盛土はゆるい砂からなることが多いため、地震動で盛土の砂粒間の水の圧力である間隙水圧が上昇し、砂粒は水に浮いた状態となり、容易に液状化します。液状化した地層は地盤支持力が極端に下がります。しかも丘陵地では地下水位が傾斜しているので、盛土層は重力に従い、容易に測方流動を起こします。そのため、谷埋め埋土地域は下流側に引っ張られるなどの変形が生じ、家屋は傾くのです。全国には1万2000箇所以上の谷埋め埋土地域があると言われていますが、その危険性が知らされていません。

4　兵庫県南部地震での液状化被害
――東日本大震災では世界最大の液状化

4-1　兵庫県南部地震による液状化被害

兵庫県南部地震により神戸や阪神間の埋立地や沿岸部のほとんどが液状化の被害を受けました。実際、ポートアイランドでは1か月以上も水道が止まり、橋も損傷したことから、一時陸の孤島となりました*9。この付近は埋土の軟弱地盤からなり、地下水位がきわめて浅いので、液状化が起こりやすい状況にあります。そのため、埋土に用いる埋土材やその締め固めには細心の注意が必要です。埋立てに使う土砂として、海砂や浚渫土は液状化しやすいので要注意なのですが、用いられています。液状化は海岸部だけでなく内陸部の谷や池などを埋め立てた所でも生じました。東日本大震災では地震動が3分と長かったこともあり、東京湾沿岸部などでは世界最大規模の液状化が生じました。

4-2　液状化とは

液状化は水に飽和した土粒子がゆすられ、土粒子は体積を縮めようとしますが、間隙水は縮むことができず圧力が高くなり、土粒子の結びつきを切り、土粒子は水に浮いた状態となり、剪断（面に沿って両側部分を互いにずれさせる作用）抵抗力が落ち、液状化します。液状化は震度５以上で、緩くしまりが悪く、海砂など粒のそろった細かい砂で起こりやすく、山土など、れきが混ざった粒の不揃いな土では起こりにくいとされてきました。そのため、ポートアイランドでは六甲山地の山土を用いて埋土されました。しかし、このれき混じりの埋土層も液状化してしまいました。埋め立材に注意しても、液状化してしまうのが今回の地震の教訓です。

4-3　液状化による家屋被害

兵庫県南部地震により、芦屋浜では大規模な液状化が生じ、住宅に大きな被害が出ました。住宅のほぼすべてで不同沈下（基礎や構造物が傾いて沈下すること）が生じ、家屋はすべて傾きました。被害住民が話し合い、調査して被害図が作成されました[*10]。家の傾きは２度、レベル差は25cmにも達しました。これら家の傾きは家同士が頭を合わせるように傾き、家の周りには噴砂が見られ、軽いマンホールなどは浮き上がりました。これは地盤が液状化すると、重いものを支える力がなくなり、重い家が沈み、地表面は波打ち、亀裂が入り、地下の圧力の高い泥水の層が地表に噴き出し逃げる結果、地盤は沈下し、家屋が傾いたのです。なぜ、このような大規模な液状化を起こしたのでしょうか。埋立てにはまさ土（花崗岩が風化してできた砂）と海砂が用いられ、水深10mの海岸に15mの土砂を入れて5m高の宅地が造成されました。兵庫県は海砂の使用を認めています。しかし、住民は説明会の席上で液状化しやすい海砂の説明はなかったと記憶しています。

さて、問題は修復のために家屋のジャッキアップや地盤改良工事に約1000万円以上もの個人負担がかかることです。しかし、公的な補助は「半壊」認定の10万円以下でした。その後、東日本大震災での世界最大の大規模な液状化による住宅被害に対し、国は認定基準を改善し、傾斜が20分の1を超えた場合の「全壊」扱いに加え、家屋の傾斜度によって大規模半壊と半壊を認定しました。

4-4　液状化で逆に地盤が緩くなった

液状化した地層はこれまでゆりこみ沈下で締まると言われてきました。しかし、埋土のすべてから均一に水が絞り出されるわけではありません。逆に絞り出された水が加わった層やかき混ぜられた層もでき、兵庫県南部地震では逆にN値が下がり、より軟弱となった層も多く出てきました。埋立て層のどこで水が抜け、逆に緩くなったなど地震後の状態を検討する必要性があります。

5　河川堤防の被害
――東日本大震災では沈下堤防から津波が浸入

5-1　地震での河川堤防被害

河川堤防は地震による液状化で側方流動し、沈下など損傷します。兵庫県南部地震により、淀川下流左岸では1.8kmにわたり土堤が崩落するなど損傷し、最大3mも沈下しました*3(図8)。猪名川(いながわ)でも大きな亀裂が入り、堤体の天端に1mもの段差が生じ、武庫川(むこがわ)でも堤防を走る道路や河川敷に亀裂が入るなど損傷しました。なお、東北地方太平洋沖地震でも河川の堤防が沈下し、遡上した津波が越水し、住宅地に流れ込み、大川小学校の悲劇のように、大きな被害となりました。

5-2 地震により甚大損傷した河川堤防

近畿地方建設局管内の河川堤防の被害をみると、6水系8河川77箇所で崩壊や亀裂が発生し、そのうち被害が大きかったのは6河川32箇所でした[*9]。以下に損傷した河川堤防の被害について述べましょう。

淀川では、砂質土を中心とする堤体盛土層と、その下位に沖積砂層が分布します。沖積砂層の厚さは約2〜6mで、水に飽和されています。さらに、沖積砂層の下にはきわめて軟弱な沖積粘土層が、厚く分布します。沖積砂層は著しく緩く、水に飽和しておりきわめて液状化しやすい層なのです。河口に近い淀川左岸堤防の西島地区では噴砂がみられ、最も甚大な被害を受けました。これは兵庫県南部地震により堤体基礎地盤の沖積砂層が液状化したことを示しています。液状化した層では横方向に流れる側方流動が生じました。その結果、基礎地盤は堤体の重量を支える支持力を失い、土堤の本体部分が陥没し、この崩壊とともにコンクリートでできた特殊堤も崩壊し（図8)、川側にずり落ちて大破しました[*3]。淀川右岸堤防でも液状化により崩落し、1.8m沈下し、裏護岸の水平移動が生じています。なお、被害が左岸に比べ小さいのは、右岸堤体では内側にサンドパイル（強固に締固めた砂杭）を地中に造成して地盤改良がなされており、これが減災軽減効果を発揮したのでしょう。

図8 淀川左岸堤防の陥没・崩壊状況

陥没は最大3m、1.8kmにわたって液状化による側方流動で堤防が崩落。

出所：兵庫県（1996）『兵庫の地質』[3]

兵庫県の猪名川水系をみると、神崎川では、液状化により、堤防全体が10〜15cm沈下し、堤防天端の中央部が680mにわたって割れたほか、すべりが発生しました。中島川では、コンクリート護岸の法面に約1kmにわたり亀裂が入り、満潮時に漏水し、工場や家屋が浸水しました*3。天端沈下は約10cmで、堤防法面では亀裂が発生するなど、典型的な盛土被害が発生しました。この付近の沖積砂層は、厚さが約4mで、そのN値は5以下と緩く、きわめて液状化しやすい地層のため堤防の変形が生じたのです。

武庫川水系でも、武庫川本川では、天端が約20cmから1mの沈下、堤防にも1mを越える亀裂が入り、法面は大きくはらみ出し、堤内側では円弧滑りが生じ、噴砂も見られ、甲武橋下流の右岸堤防天端に亀裂が入りました*9。なお、東北地方太平洋沖地震では、堤体の土の盛土層自体が液状化し、堤体が陥没し、遡上した津波が浸入し、大きな被害となりました。

5-3　河川堤防損傷からの教訓

河川堤防は、沖積砂層など液状化しやすい層が厚く分布する地域や旧河道、後背湿地などで被害が大きく、もともとの地盤条件が堤防被害に大きくかかわっていることが判明し、堤体基礎地盤の重要性が明らかとなりました。なお、堤体基礎地盤が沖積砂層でも、サンドパイルなど地盤改良工事が行われた所では、被害が軽減されました。また、コンクリート護岸では各河川の被害が大きかったのに対して、土を多用した自然型護岸では大きな被害が生じませんでした。これら事実は、今後の河川堤防のあり方への示唆を与えていると思われます。

参考文献・資料

［1］　気象庁（1997）『気象庁技術報告』第119号、1章、地震、40頁
［2］　気象庁（1995）災害時地震・津波速報「平成7年（1995年）兵庫県南部地震」『気象庁災害時自然現象報告書』1995年、第2号、21頁

[3]　兵庫県（1996）『兵庫の地質』兵庫県地質図解説書・土木地質編、236 頁
[4]　梶山彦太郎・市原実（1972）「大阪平野の発達史―^{14}C 年代データからみた―」地質学論集、7、101-112 頁
[5]　岩見義男（1980）『神戸の地盤特性』神戸市都市整備公社、192 頁
[6]　中川康一・塩野清治・井上直人（1996）「大阪盆地の地下構造とフォーカシング効果」地球惑星科学関連学会合同大会予稿集、53 頁
[7]　入倉孝次郎（1995）「兵庫県南部地震の強震動と被害の特徴」京都大学防災研究所年報、38A、53-67 頁
[8]　田結庄良昭（1997）「神戸市長田付近の地下水深度と地震被害の関係」応用地質、38 巻、145-152 頁
[9]　阪神・淡路大震災調査報告編集委員会（2000）『阪神・淡路大震災調査報告』共通編-1、総集編、丸善、549 頁
[10]　地質ボランテイア（1995）『あなたもできる地震対策』せせらぎ出版、68 頁

第3章　南海トラフ地震への備えと課題

1　津波の遡上を正しく恐れよう
――東北地方太平洋沖地震から学ぶ

1-1　津波の遡上高とは―津波高の2倍を越える遡上高

津波は高速で、波長の長い流れのため、陸上に入ると、海岸付近での津波高をはるかに越えて斜面を駆け上がります。この駆け上がった津波の高さを遡上高と称します（図9)。一方、海域での平常潮位から津波によって海面が上昇した最大の高さを津波高と称し、気象庁の発表する津波の高さはこの高さを言います*[1]。多くは海岸付近の津波の平均の高さを指しています。津波の遡上途中では家屋などを押し流し、戻り波でバラバラにするなど、実際の津波被害は、遡上した津波によっています。しかし、多くの議論は津波高が問題とされ、標高が津波高を上回っているから安全など、津波の遡上高が無視されています。そこで、津波の遡上の怖さについて述べます。

1-2　津波は高速で、波長の長い流れ

南海トラフ地震では深刻な津波被害が想定されていますが*[2]、津波は海底の隆起や沈降で発生します。すなわち、海域で地震が生じると、海底面が上下に大きく変形するので、その上の海水全体がそのまま上下に変動します。隆起した海水は重力によってくずれ、くずれた海水は津波となって陸上に向かい、水深が浅くなるに従い高さを増します。津波の速度は海の深さと重力加速度の平方根に比例します。したがっ

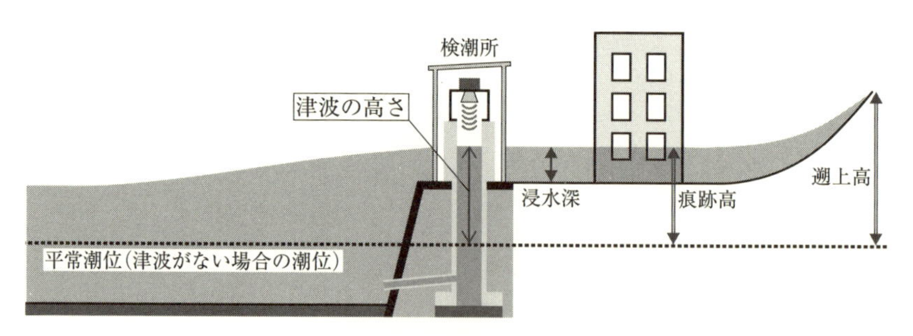

図9　津波の高さと遡上高

津波の高さは海岸付近での値、遡上高は津波が内陸をかけあがる高さ、4倍程度にもなる。
出所：気象庁（2012）知識・解説「津波について」、[1] より作図

て、深さ4000mで発生した津波の速度はジェット機なみ、1000mの深さで新幹線なみ、10mの深さで自動車なみと高速の流れなのです。このように、津波は陸に近づくと速度が急に遅くなるので、後ろの波は前の波に追いつき、車の渋滞のように重なりますが、上下に重なるので段のように盛り上がり、高くなります。これを段波と称しています。そのため、海岸付近では沖あいより津波が高くなるのです。また、海域の断層規模は、東北地方太平洋沖地震では約10万km^2と、一般に大きいので、波長は数10kmから100km以上にもなります。このように、津波は高潮と違って高速で、波長の長い流れなのです。津波は、波と書くので誤解されやすいが、「高速の流れ」なのです。

1-3　東北地方太平洋沖地震での津波の遡上による被害

津波は勢いのある流れなので、斜面を駆け上がる途中のあらゆるものを押し流します。そして、遡上した海水は巨大な引き波となり、家屋などすべてを海に引きずり込み、被害をさらに大きくします。東北地方太平洋沖地震での津波高は、検潮所など津波観測施設が壊れたため正確な値は不明ですが、おおよそ数mから10m以上ですが、遡上高の最高は約40m以上にも達しています*2。福島第1原発では、海岸

付近の津波は約10mの防潮堤をかろうじて越えた高さでしたが、原子炉建家の浸水高は15mに達し、津波の遡上の怖さを示しています。

津波の遡上高は三陸海岸で高く、仙台平野や石巻平野などで低く、約10倍近い差がありました。なお、仙台平野では遡上津波は数km奥まで流れ込むなど、平野部では遡上距離が長くなります。その結果、石巻では今回の津波で深刻な被害が生じたのです。また、河川などでは障害物がないことや水深が深くなることから、陸よりさらに奥まで津波が遡上します。その結果、川の堤防を越える場合が出てきます。石巻市の北上川沿いの大川小学校では、海岸から離れていましたが、河川を遡上した津波が襲ってきて、児童・教職員の7割が亡くなる悲惨な状況になりました。なお、仙台平野では海の堤防を越えた津波はわずか1分で堤防を破壊しました。堤防は土でできているため、越水した水が流れ下ると、堤防根元の土が削られ倒れたのです。堤防内側のコンクリート補強が望まれます。

遡上高は地形の影響を受けやすく、海域に面した東西方向の小規模な谷で遡上高が高かったことも明らかとなりました。例えば、1993年の奥尻島を襲った津波の海岸付近の高さは約15mでしたが、谷すじを駆け上がり、遡上した津波の高さは約30mに達し、島全体で約230人が死亡しました。

このように、私たちは津波高だけに注目するのではなく、実際に被害を与える遡上高を知ることがきわめて大切です。しかし、地形の形状で遡上高は大きく異なるため、正確に遡上高を求めることは困難を極めます。

遡上過程で津波は大きな通りに集まりやすく、津波の高さが増す縮流という現象が生じます。このように、谷すじ、平野部、川沿いなど地形を充分考慮した各地域の津波の遡上高を想定し、詳細な各地域の浸水高を推測し、被害に備えることが被害を減少させる上できわめて大切です。行政は津波高だけでなく、想定される遡上高についてもぜひ詳細に検討し、公表していただきたい。

2　兵庫県の津波浸水想定と問題点

兵庫県は2013年12月24日に南海トラフ地震による独自の津波浸水想定を発表しました*3。それによれば、2012年8月の国による浸水想定より浸水面積が大幅に広がりました。例えば、浸水面積は尼崎で約4.7倍にもなり、阪神間では1971haとなり、約3.3倍にも広がりました*3(表1)。そのため、津波は阪神本線を超え、広範囲に北上し、一部は国道2号より北の市街地に到達します。神戸や播磨地域でみると、浸水面積は神戸市で2.6倍、姫路市で4.6倍、赤穂市で16.3倍など大幅に広がり（表1)、津波が容易に浸入し、神戸市の沿岸部は広く浸水します*3。これは兵庫県独自の想定が防潮堤の沈下や河口幅30m未満の2級河川への遡上を考慮したためです。なお、淡路島では浸水面積が国想定の約2.5倍となり、44分の短時間で市街地の多くが5mも浸

表1　兵庫県独自の南海トラフ地震による最高津波水位と浸水面積

	最高津波水位	最短到達時間	浸水面積
尼崎市	4.0m（5m）	117分（113分）	981ha（210ha）
西宮市	3.7m（5m）	112分（111分）	911ha（380ha）
芦屋市	3.7m（5m）	111分（111分）	79ha（ 微少）
神戸市	3.9m（4m）	83分（ 83分）	1,586ha（610ha）
姫路市	2.5m（3m）	120分（119分）	276ha（ 60ha）
赤穂市	2.8m（3m）	120分（126分）	489ha（ 30ha）
洲本市	5.3m（6m）	45分（ 44分）	215ha（ 90ha）
南あわじ市	8.1m（9m）	44分（ 39分）	964ha（330ha）
淡路市	3.1m（4m）	65分（ 65分）	167ha（110ha）

括弧内は国想定の値、国の津波水位は1m未満を切り上げて算出。
出所：兵庫県（2015)「南海トラフ巨大地震の津波浸水想定について（解説)」、[3]より作成

水し、高台への一刻も早い避難が緊急の課題となります。

しかし、今回の津波浸水想定では、兵庫県南部地震で見られた約2mもの防潮堤や護岸の沈下に対し、沈下量が半分以下と低く見積もられています。また、津波火災が想定されていないのも問題です。全国各地の津波浸水想定でも、どのような条件のもとで作成されたのか、チェックする必要があります。

3　南海トラフ地震による強地震動、津波への対応

3-1　強地震動、長周期地震動による被害

今回の国の報告は津波による被害に大きな焦点があたっていますが、全国各地で、震度5強から震度7の強地震動に襲われます。例えば、大阪府や神戸市の一部では、従来の震度5強から震度6強の強地震動に、また、南あわじ市や洲本市では震度7の激烈な地震動が生じます*2。しかも、3分以上の長時間の地震動が生じます。そのため、家屋の倒壊や大規模な液状化などの被害が避けられません。特に約6400年前の縄文海進時に海域であった大阪市、名古屋市など太平洋沿岸部の大都市では、縄文海進による軟弱な地層、主に粘土や砂が厚く堆積しており、地震動が増幅され、強地震動が想定されます。さらに、3分を超える長時間の地震動のため、従来液状化しにくい粒径の粗い地層まで液状化するので、広範囲に液状化が生じます。

さらに、巨大地震ではゆっくり揺れる長周期地震動が発生します。この長周期地震動は減衰することなく遠距離まで到達するため、高層ビル（60m以上）を揺らします。特に、建物と地盤の周期が重なると共振が生じます。共振が起きると揺れはさらに増幅します。この共振は軟弱な地層が厚く分布する地盤で発生します。国交省は2010年に長周期地震動を想定して500秒の揺れに耐える強度を義務づけると公表

しましたが、東日本大震災が起こり、10分の長周期地震動に耐えられるようにしました。東北地方太平洋沖地震では、震度3であった大阪湾の咲州の大阪府庁舎（250m）が10分もの共振により約6mも大きく揺れ、甚大被害が生じました。大阪市や名古屋市など多くの都市沿岸部では、厚い軟弱な未固結地盤や海面埋め立地に高層ビルが多く建ち、長周期地震動の被害を受けやすい条件にあるのです。オイルダンパー等の設置で被害を少なくすることが望まれます。

3-2　津波浸水に対する対応

津波浸水に対応する防災として、護岸の沈下対策が必要です。兵庫県南部地震では防潮堤基礎の置換砂が液状化に係わっていたことなどから基礎部の補強に加え、側方流動対策として護岸外側への矢板の打込み計画だけでなく、側方流動を避けるため護岸内側での鋼管杭工法などが必要です。また、兵庫県の護岸の想定沈下量は低すぎるので、せめて兵庫県南部地震での平均沈下量約2mの値を用いて再検討すべきと思われ、全国各地でも護岸沈下を想定すべきです。また、水門の電動自動開閉装置も必要です。さらに、ポートアイランドなど人工島では、津波が越流し破堤する所がないとされていますが、兵庫県南部地震では約2mも沈下しているので*4、サンドドレーン工事など、液状化を考慮した対策を行う必要性があり、全国でも人工島の液状化対策が必要です。

4　南海トラフ地震と津波火災
――東日本大震災からの教訓

4-1　津波火災を検討しよう

兵庫県の津波浸水想定では、津波火災には全く触れていません。しかし、東北地方太平洋沖地震では火災が多発し、371件にも及び、その中で津波火災は159件で、青森県から千葉県までに及び、焼失面積が78.4ha（阪神・淡路大震災では64.2ha）と甚大な被害を与えたことが、火災学会の調査で明らかとなりました*5。国は2013年に、東京都心南部の直下型地震で全壊・焼失棟数約61万棟のうち、火災によるものを約41万棟と想定しており、兵庫県でも木造住宅密集地域やコンビナートなど被害が想定される所では津波火災を検討すべきです。大阪府は2014年にはすでに検討し、4.4万klの石油類の流出を想定しています。南海トラフ地震では、都市部の沿岸部に多数のタンクをかかえ、津波火災の危険性が高いのです。そこで、南海トラフ地震による火災・津波火災について検討してみました。

4-2　側方流動によるタンク・護岸損傷

東日本大震災では津波に襲われた石油タンクから油が漏れ、被害が大きくなったことが知られています。阪神大震災では、御影浜のタンク地の地盤が液状化により地盤支持力を失い横へ流動する側方流動で大きく変位しました。南海トラフ地震ではその後、津波が襲い、大惨事となるでしょう。

消防庁は2012年にタンクの津波被害想定を作成し、全国85地区にある33都道府県に防災計画を見直すよう求め、大阪府などが改定に着手し、流出石油に引火すれば大阪市の中心部まで火災が及ぶとしています。多くの都市沿岸部にもコンビナートが各地にあり、検討すべきです。

コンビナート火災を防ぐには、タンクや護岸地盤の液状化・側方流動によるタンクの損傷対策が必要です。太平洋沿岸都市部の多くは軟弱な沖積層や埋立て層などからなり、液状化しやすい地盤からなっています。そこで、タンク地では地中壁を作り井戸から地下水をくみ上げ地下水位を下げるなどの液状化対策が必要です。

兵庫県南部地震で須磨港のタンクも損傷しました。南海トラフ地震では地震動で損傷した後、津波が護岸を襲い浸水し、タンクから大量の石油類が流出するでしょう。南海トラフ地震への護岸対策として、護岸付近での鋼管杭の打ち込みや、砂柱を打つサンドドレーン工事など、液状化や側方流動を起こさせない工事が必要ですが、莫大な費用がかかり、東日本大震災で液状化被害が著しかった東京湾岸部などでも進んでいないのが実状です。

南海トラフ地震では長周期地震動が発生するため、タンクではスロッシングと呼ばれる洗面器の水があふれるようなゆったりとした揺れが生じ、石油類が漏れ出します。実際、十勝沖地震では遠く離れた苫小牧で起こり、火災が生じました。

東日本大震災では、火災学会が調査した244基のタンクのうち、本体と配管被害があったのは68基、配管被害が60基でした*5。緊急時には、タンク本体と配管をつなぐ元弁を閉める必要性があります。そのためには、遠隔での自動開閉装置を設け、配管が破損した際の油の流出を防ぐ装置が必要です。また、東日本大震災では津波の浸水深が5m以上でタンク本体に被害が生じており、タンク貯蔵量を適切な量にしておくことも大切です。

4-3 ブレーカー・LPガス・自動車からの出火

阪神大震災では地震後の通電により壊れた建物からの出火が多くありました。その防止のためには、地震時、自動的にブレーカーが落ちるなどの対策が求められますが、まだまだこの装置は普及していません。

東日本大震災では、火災学会の調査によると、LPガスボンベからの出火が目立ちました*5。これは津波でLPガスボンベが倒され、漏れたガスに引火しての火災です。その防止のためには、高圧ホースが引っ張られると、ガス放出防止弁が作動する装置が必要です。このような装置の設置に自治体は補助金を出して、全世帯に普及すべきです。

また、東日本大震災では車が水に浸かることにより、バッテリーとつないだヒューズボックスからの出火が目立ちました。車が津波で流され、避難所に集積し、出火した例もみられました。

問題となるのは、避難所が木造密集地域にある場合、燃えたがれきにより火災に至るケースで、宮城県石巻市で見られました。火災学会の調査でも津波火災159件のうち、建物から燃えたのは55件で、そのうち「非木造」が6割を超え、3階以上の津波避難ビルも含まれていました*5。神戸市の和田岬などでは、避難所が木造住宅密集地にあり、避難所としての適合性の見直しも必要となります。至急検討すべきでしょう。

参考文献・資料

［1］ 気象庁（2012）知識・解説「津波について」
http://www.jma.go.jp/jma/kishou/know/faq/faq26.html

［2］ 地震調査研究推進本部地震調査委員会（2013）『南海トラフの地震活動の長期評価（第二版）について』92頁
http://www.jishin.go.jp/main/chousa/kaikou_pdf/nankai_2.pdf

［3］ 兵庫県（2015）「南海トラフ巨大地震の津波浸水想定について」（解説）、10頁
https://web.pref.hyogo.lg.jp/kk38/documents/nannkaisouteikaisetu.pdf

［4］ 阪神・淡路大震災調査報告編集委員会（2000）『阪神・淡路大震災調査報告』共通編-1、総集編、丸善、549頁

［5］ 日本火災学会（2015）『2011年東日本大震災火災等調査報告書（要約版）』日本火災学会、320頁

第4章　過去の地震被害と今後の活断層による地震被害想定

1　昭和南海地震
――火災被害が甚大

1-1　昭和南海地震の被害概要

1946年12月21日、紀伊半島沖でマグニチュード8.0の地震が発生し、全国で死者1330人、全壊家屋1万1591戸、津波による流失家屋1451戸、消失家屋2587戸の大きな被害が生じました*[1]。兵庫県全体でも淡路島を中心に死者50人、全壊292戸、津波での床上浸水361戸の被害が出ました*[2]。

1-2　昭和南海地震の機構と規模

昭和南海地震は南海トラフ沿いの潮岬南方沖78km、深さ24kmを震源とした地震です（図2参照）。安政南海地震以来の南海地震で、2年前の1944年には東南海地震が生じ、連動と考えられています。この地震はフィリピン海プレートがユーラシアプレートに沈み込む海溝型地震です。地震動は約9分間にも及びましたが、強震動は約1～2分でした。各地の震度は兵庫県洲本市で震度5、神戸市や大阪市で震度4でした*[1]。震源断層面の規模は長さ120km、幅80km、滑り量3.1mで、モーメントマグニチュード（岩盤のずれの規模をもとにして計算したマグニチュード）は8.1でした。この地震は紀伊半島沖から破壊が進行し、室戸岬沖まで達し、そこからさらに土佐沖まで2段階ですべったとされています。地殻変動は南上がりの傾動を示し、室戸岬で1.27m隆起したのに対し、北部の甲浦では1m沈下しました*[1]。

津波は静岡から九州に至る海岸を襲い、高知、三重、徳島沿岸では高さ4〜6mに達しました。和歌山県串本では10分後に6.57m、三重県賀田村では20分後に3.59m、大阪港では2時間後に0.8mを示し、さらに複数波が来襲しました。

昭和南海地震では和歌山県新宮で猛火が襲い甚大な被害を与えています。私たちは津波や建物の耐震だけでなく、火災に備える心構え、特に津波火災にどのように対処するのかが大きな問題です。昭和南海地震は安政南海地震から90年ぶりの地震で周期的に起こっており、今後30年確率がきわめて高い地震で、要注意の地震です。

2　兵庫県北部の北但馬地震と復興
——住民参加の復興計画

2-1　北但馬地震とは

1925年5月23日午前11時10分に兵庫県北部の旧豊岡市・城崎(きのさき)を襲い、死者421人を出した大地震をご存じでしょうか。北但馬地震です。この地震で大火災が発生し、豊岡では半分の家屋が焼け、城崎では人口の8%が亡くなった大地震でした。また、この地震では、多くの人が救助に駆けつけボランテイアがさかんに行われました。さらに、城崎では住民参加で、温泉復興を唱え、自然の要素を取り入れつつ、近代的な防災技術を取り入れ、町全体で防災計画が行われ復旧・復興した事例でもあります。

2-2　北但馬地震と田結(たい)断層の概要

北但馬地震の震源地は兵庫県の日本海に面する円山川(まるやまがわ)河口付近で、

地震の規模はマグニチュード6.8、深度は50〜60km、初期微動継続時間13秒、周期1.6秒でした[*3]。震度は豊岡や城崎（現豊岡市）で6、その他、京都府でも震度5を記録しました。北但馬地震は、本震の後にM5やM6クラスの大きな余震を伴いました。

北但馬地震で津居山湾東岸の鉢ケ成山で2列の断層（田結断層）が見つかりました[*3]。この地震による地表地震断層と思われます。断層の長さは1600mに達し、両断層の間は400mです。断層南端の海岸では崖崩れが生じました。また、大小10数条の割れ目が生じ、その幅は20〜30cm、高低差は10〜50cm、断層の西側が落下しており、数cmの水平移動も見られました。田結断層は津居山海岸の断層崖と平行し、津居山湾の陥没と同じく西側が落ちていることから、過去にもこの地域で繰り返し断層運動があり、それが、このとき活動した内陸直下型地震と思われます。

2-3　北但馬地震の被害概要

北但馬地震では死者421人、負傷者804人、全壊家屋1275棟、火災消失家屋2180棟の大被害となりました[*3]。この地震と火災を含め北但大震災と称されています。多くの住宅は地震の初動で倒壊したと思われます。震央付近の円山川河口付近では家屋倒壊率が50%以上、円山川から離れるに従い、家屋倒壊率が20%以上と減衰します。その要因として当時は耐震性のない木造住宅が大部分であることや、円山川河口部は軟弱な地盤である沖積粘土層が発達し、地震動が増幅されるため、家屋の倒壊が起こりやすかったのです。

北但馬地震では大規模な地震火災が発生したことが大きな特徴です。特に、被害が大きかったのは城崎で、昼時であったことも災いし、地震時の戸数702戸中、焼失家屋548戸と78.1%の家屋が焼失しました[*4]。死者は当時の人口3410人中8.0%の272人が犠牲となりました。

この中で、温泉街で働く女性従業員の被害が71％と高いことがあげられます。豊岡でも半分以上にあたる1383戸が消失しました。円山川河口付近の津居山、田結、気比（けひ）、飯谷、小島、桃島の村落では倒壊や家屋焼失で壊滅状態となりました。なお、田結では1戸を残し全戸が倒壊し、数箇所以上で火災が発生しましたが、初期消火が行われたため延焼が防がれ、火災での死者を出しませんでした。

2-4　城崎の復興計画

城崎では、地震前は旅館や商店など木造高層住宅が川沿いに無原則に建ち、さらに奥に入ると狭隘な通路が混在していました*4。城崎は川沿いの県道が唯一の主要道路で、道幅は約1間半しかなく、地震時に発生した火災に対し、消防がほとんど機能しなかった。初期消火ができず2〜3時間で町全体に火が回ったのです。

復興方針として、温泉復興と教育復興を理念に掲げ、安全が住民だけでなく客にとっても必要と位置づけるとともに、子どもの居場所としての学校を重視し、5日後授業を再開しました。

町民・旅館組合等による数10回の町民大会など、住民参加が積極的に行われ、河川修復（川幅拡幅、直線化）と緑地（公園、柳並木）・道路整備（幅員拡張、直角交差）が行われ、延焼遮断帯を景観とマッチさせる試みが行われました*5。特に、狭い面積での防災手法の最大限の発揮をめざしました。具体的には、防火建築群による町の分割が計画されました*3。新城崎の温泉場は平屋建て、他は2階建てを限度に、旅館は鉄筋コンクリートの純日本建築に家族湯も新築するなど不燃建築化が計画されました。小公園・緑地の設置で防火帯の形成を行い、数少ない防火資産を最大限活用しました。また、外湯温泉の不燃化、早期復興も計画され、実行されました。城崎の復興計画は旅館業が中心で、住民の被害が同程度の条件があるものの、町民が積極的に計画に参加し、明確な理念のもと、町長の強い指導で不燃建築などでの防火帯の形成など優れたもので、今日でも学ぶべき点が多いと思われます。

3　日本海側の地震で大津波が襲来
――若狭湾は大丈夫か

3-1　海溝型地震がみられない

但馬地方沖合の日本海側には東北地方太平洋沖地震や南海地震のような海洋プレートと大陸プレートの境界がないので、周期的な巨大地震の発生がなく、したがってこれまで巨大津波の記録がなく、津波に対しても大きな備えがありませんでした。しかし、日本海でも過去に大きな地震が発生し、兵庫県でも津波を記録しており備えが必要です。

3-2　日本海中部地震

過去の地震履歴をみると、日本海東縁北部に沿って地震活動があり、そこは、ユーラシアプレートと北米プレートなど大陸プレート同士の境界にあたり、その境界延長は南方のフォッサマグナにつながり、沈み込みプレート部（スラブ）はみられません。この大陸プレート境界に沿って M7.7 の日本海中部地震が 1983 年５月に生じました（図２参照）。これは日本海側が本州側に潜り込むような低角の逆断層で、秋田県北部から北海道渡島（おしま）半島にかけて数 m、最高で 15m の津波が襲い、100 人もの死者が出ました。特に、秋田県の海岸では遠足に来た児童の多くが犠牲となりました。このとき、兵庫県豊岡市津居山にも約２時間後に 54cm の津波が記録されています[*6]。被害は幸いにも船舶に若干の被害があったのみで浸水被害はありませんでした。しかし、今後東北の日本海沖には地震活動が生じ、津波により被害が出る可能性があります。例えば、1993年には北海道南西沖の日本海東縁でM7.8の地震が生じ（図2参照）、奥尻島には数分で遡上高31mの津波が襲い、犠牲者は230人に達しました。北海道側が本州側に潜り込んだ逆断層地震です。

3-3　日本海隠岐舟状海盆と断層

日本海の隠岐島周辺には、2011年に兵庫県が指摘するように日本海隠岐舟状海盆が存在します。海盆とは楕円形状の大きな深海底の窪みのことで、隠岐付近では大陸縁辺台地の外側に水深1200〜1700mの平坦な舟状海盆が北東〜南西方向にのびています*6。この海盆の南側斜面下には崖崩れや地すべり地形が存在し、断層の存在を窺わせます。また、北側には水深300mの山塊（隠岐堆と称する）がのびています。これらから隠岐海盆を挟む北部と南部に北断層、南断層が存在します。活動履歴はないが、兵庫県は2011年に、それら断層が活動すると、日本海中部地震クラスの地震（M7.7）が生じ、豊岡市津居山港で3.6m、香美町で3.05m、新温泉町で1.75mの津波が生じると想定しています*7。

3-4　若狭湾周辺の活断層による地震と津波

若狭湾とその沖合の日本海の海底には、新第三系（2303万年前から258万年前までに形成された地層・岩石）を削剥し、第四系（258万年前から現在までに形成された地層・岩石）に覆われる不整合面が広く見られます。これは、第四紀に若狭湾口部が大きく沈下した変動が生じていたことを示しており、それに関係する活断層が多く認められます。さらに、北西〜南東走向で横ずれ断層である浦底断層や野坂断層が存在します。さらに、東北東〜西南西走向をもち、若狭湾北方に位置する南落ちを示す断層があります。これらは島根半島から越前岬東方に至る長大な南部日本海断層帯を構成する可能性があります。1963年の若狭湾地震の発震機構はこの断層帯によっています。この断層は長さが長く、活動が起これば大きな地震となり、津波を発生する可能性があり、注意を要します。このように、若狭湾東部には活断層が密集しています（図2参照）。

これら断層は淡路島から敦賀湾にいたる近畿三角地帯の北西縁にあたり、中央構造線北側の地塊がその東の地塊と衝突する前線にあたることが要因にあります。このように、日本海でも数多くの大規模な活断層があり、津波被害への対応が必要です。また、周辺には原子力発電所があり、その津波想定高は必ずしも充分な見積りではありません。例えば、石川県の志賀原発では、2007年に長さ20kmの海底活断層が動き、想定以上の強い揺れに襲われました。日本海の詳細な海底調査が必要で、断層規模にあった津波高の再想定が必要と思われます。

4　大阪湾断層帯と被害想定
——大阪湾沿岸部が壊滅

4-1　神戸空港直下を走る大阪湾断層帯

1999年神戸市は、大阪湾断層帯が動いた場合、約5分後に大阪湾、特に神戸市に4.5mを超える大津波が押し寄せるショッキングな報告を行いました*8。最近のデータから大阪湾断層帯は神戸空港直下を走り、地下の地層を大きく変位させ、活断層の存在が明瞭になったほか、他の海面埋立て島近傍を通り、断層による損傷が予想されるので、述べてみましょう。

4-2　大阪湾断層帯とは

大阪湾断層帯は政府の地震調査研究推進本部の2005年の発表による

と[9]、神戸市沿岸から大阪湾を縦断して淡路島沖東部に至る断層帯で、全体の長さは約39kmで、西側が東側に隆起する逆断層です（**図6参照**）。この断層全体が動けばM7.5の地震が発生し、地表部では北西側が南東側に対し、約2〜3.5m高くなる変位が生じます[10]。大阪湾断層帯の平均的な上下ずれの速度は、約0.5〜0.7m/千年と推定され、活動時の左横ずれ規模は約2〜3.5mで、平均活動間隔は約3000〜7000年で、最新活動時期は、9世紀以後で、30年以内の発生確率は0.004％と推定されています[9]。

4-3　大阪湾断層帯の分布と変位

大阪湾断層帯の北端について、最新の研究に基づく1999年の神戸市の報告では、大阪湾断層は神戸空港直下付近に来るほか、大阪湾断層帯から枝分かれした和田岬断層がポートアイランドの付け根の海岸部付近に、摩耶断層が六甲アイランドとポートアイランド間に分布します。大阪湾の基盤岩である約7000万年前の花崗岩が分布する等深線を見ると、断層付近で約1000mもの急崖となっており、明瞭な断層地形を示しています。反射法地震探査では花崗岩は約数100m明瞭にずれますが、それを覆う約100万年前の大阪層群の地層は未固結なため切れず、凸型に曲がる撓曲（とうきょく）構造が見られます。

4-4　ボーリング調査からの断層の確証

ポートアイランドを南北方向に切るボーリングがなされました。それによると、最上位の約6000年前の海成粘土層は水平な地層で連続して分布し、変位を示していません。しかし、約10数万年前の海成粘土層は、空港島直下でそれまで約70〜90mの深さで水平に分布していた地層が、約130〜160mの深さに位置し、数10mの落差で地層が大きく変位して凸型に曲がる撓曲構造を示し、空港直下に明らかに活断層が存在することを示しています[*11]。この撓曲部は地表部での大阪湾断層の推定分布位置に重なります。

ポートアイランド付け根の海岸部でも海成粘土層が約20m北側に上がる凸型の変位をなす撓曲構造を示し、大阪湾断層から枝分かれした和田岬断層の存在を示しています。さらに、ポートアイランドと六甲アイランドの東西方向のボーリングをみると[*11]、二つの人工島の間で海成粘土層が約40mも西側に上昇し、凸型に曲がる撓曲構造をなし、活断層の存在を示します。この変位は大阪湾断層帯から枝分かれした摩耶断層によっています。これら断層は北西側が隆起する逆断層で、摩耶断層、和田岬断層の平均変位は0.3m/千年とされています。

大阪湾断層帯が動けば、横ずれが2〜3mと想定され、阪神・淡路大震災を超えるエネルギーの地震が生じ、大阪湾周辺では激震、特に神戸では震度7の地震動に見まわれます。また、数分で4〜5mの津波が大阪湾周辺を襲い甚大な被害が生じます。神戸空港島の護岸は緩傾斜石積み式とし、埋め立土も十分な締め固めで耐震性を強化しているとしていますが、断層による横ずれは考慮されず、耐えられる保証となっていません。同じことは枝分かれした断層が走るポートアイランドや六甲アイランドなどでも震度7を越す激震に襲われ、大きく損傷するでしょう。

5　兵庫県山崎断層帯地震と被害想定
——播磨で甚大被害

5-1　山崎断層帯地震とは

兵庫県企画県民部防災企画局は、最新の研究成果に基づき、2010年5月に山崎断層帯が大規模に動いた場合の被害想定を行いました[*12]。

山崎断層帯全体が同時に動いた場合（**図6参照**）、マグニチュード

8.0の地震が生じ、震度5強以上の揺れが県内の29市9町で生じます。その中で、山崎断層帯付近の三木市、小野市、加西市、加東市だけでなく、山崎断層帯から離れた沿岸部の姫路市や加古川市、高砂市、たつの市などで震度7の強震を伴います[*12]。これは震度7付近が震源断層面の破壊方向にあることや、軟弱な沖積層が分布するため地震動が増幅されることなどによると考えられます。また、神戸市、明石市、宍粟市、稲美町、佐用町などでも震度6強などの強震が想定されています。このように、山崎断層帯地震は決して山崎断層帯付近だけでなく沿岸部の姫路市など都市部でも深刻な被害を及ぼす地震なのです。

5-2　山崎断層帯地震の被害予測

兵庫県企画県民部の2010年の報告によれば[*12]、山崎断層帯地震での住宅や道路、公共施設への直接的な被害は甚大で、建物21万棟が全半壊し、病院や消防施設などの4割が被災する可能性があり、その被害額が約5.7兆円になる衝撃的な報告がなされています。

建物被害を見ると、木造の建物では、姫路市で約1万4000棟、加古川市で約1万棟、高砂市、三木市、小野市で約5000棟、加西市、加東市で約1200棟、宍粟市、稲美町で約400棟で、断層沿い付近だけでなく、沿岸部の都市部で被害が大きいのが特徴です。これは沿岸部の都市表層地盤が軟弱な沖積層から構成されていることと関係しています。

液状化危険度分布を見ると、姫路市、加古川市などの都市沿岸部では、液状化指標値（P_L値）が15を超えており、液状化の可能性がきわめて高く、大規模な液状化のため港湾は壊滅的な被害を受けます。また、強地震動や地盤の液状化のため、埋設された水道やガスなどの管被害が大規模に発生し、姫路市で約35万人、加古川市で約16万人などが断水被害を受け、1か月後でも加古川市で約2万人などが断水被害を受けるなど沿岸都市部で大きな被害を受け、大規模な水不足が長期間続きます。

さらに、姫路市を中心に石油コンビナート9基や、毒物劇物の施設、高圧ガス施設の5割前後が被災し、油や有毒ガスが漏洩する可能性があり、地震火災の恐れが極めて高くなります。

人的被害を見てみると、死者は建物倒壊や火災などで約3900人にもなります。建物倒壊での死者は、姫路市で368人、加古川市で232人、高砂市で115人、三木市で113人、神戸市で98人、たつの市で63人、加東市で38人、宍粟市で10人など、建物倒壊が多い都市部に集中します。このように、山崎断層帯地震は断層から離れた播磨地方の都市部を襲う地震と言えます。

5-3　山崎断層帯付近の過去の地震

歴史時代の大地震として播磨地方に大きな被害をもたらした大地震は868年（貞観10年）8月3日の播磨国地震（M7+）とされています。しかし、残念ながらこの地震に関する史料はほとんどありません。わずかに「三大実録」に記録されています*13。震央は播磨の国府で、姫路市中心から約10kmの姫路・加古川・高砂3市の接合点付近と一応定め、山崎断層帯の活動による地震と推定されています。

なお、寺脇*13は「安富町史」（通史編）を調べ、1818年（文化15年）に〈震障り余程〉や〈大障り〉があったなど地震被害について触れており、山崎から安志谷にかけて地震（安富断層地震）のあったことを報告しています。

その前の活動は3400年以降、2900年以前であり、1回のずれ量は約2mであり、平均的な活動間隔は1800～2300年であると最新の研究から推定されています。

なお、山崎断層帯沿いでは、現在でも小規模から中規模の地震が多発しており、特に、1984年5月30日の地震は姫路でも震度4を記録し、地域の人々を驚かせました。この地震は山崎断層帯の暮坂峠断層付近の深さ14〜19kmで発生したもので、余震が35回も生じました。なお、山崎断層帯沿いでは、兵庫県南部地震直後にも微小地震の活動が増えました。

参考文献・資料

[1] 海上保安庁水路部（1948）「昭和21年南海大地震調査報告津波編」水路要報増刊号、39頁

[2] 海上保安本部（1948）「昭和21年南海大地震調査報告」海上保安本部水路要報兵庫分、19頁

[3] 兵庫県（1926）『北但震災誌』202頁

[4] 神戸新聞但馬総局編（2005）『城崎物語』神戸新聞総合出版センター、255頁

[5] 城崎町史編集委員会編（1990）『城崎町史』965頁

[6] 津波災害研究会（2007）「平成12年度兵庫県沿岸域における津波被害想定調査報告書」58頁

[7] 兵庫県防災会議、地震災害対策計画専門委員会（2014）「日本海沿岸地域津波対策検討部会報告書」27頁

[8] 神戸市（1999）「阪神・淡路大震災と神戸の活断層」47頁

[9] 地震調査研究推進本部地震調査委員会（2005）「大阪湾断層帯の長期評価について」18頁

[10] 岩淵洋・春日茂・穀田昇一・沖野郷子・志村栄一・長田智（1995）「大阪湾西部の活断層」海洋調査技術、7、11-19頁

[11] 阪神・淡路大震災調査報告編集委員会（2000）『阪神・淡路大震災調査報告』共通編-1、総集編、丸善、549頁

[12] 兵庫県企画県民部（2010）「兵庫県の地震被害想定（内陸型活断層）」山崎断層帯地震（大原・土万・安富・主部南東部）編、6頁
https://web.pref.hyogo.lg.jp/kk38/documents/1yamazakidannsou.pdf

[13] 寺脇弘光（1999）『兵庫県地震災害史、古地震から阪神・淡路大震災まで』神戸新聞総合出版センター、310頁

第5章　土砂災害のメカニズム

1　土石流による災害

1-1　土石流の発生要因

土石流とは水と土砂が入り交じり、泥水のような状態になり、さらに、前面には巨大な石が密集し、高速で流れ下るため、大きな破壊力となります。土石流の発生にはさまざまな要因があります。多いのは斜面崩壊が引き金となり、それら崩壊土砂がそのまま谷を下り土石流となる場合です。そのほかに、大雨で河川に堆積した土砂が一気に運ばれ土石流となる場合があるほか、堆積物が川をせき止めた土砂ダムが決壊し、土石流となる場合などがあげられます。発生した土石流は渓床勾配の角度に影響され流下します。通常、土石流は渓床勾配が20度以上の山腹や沢沿いで発生し、渓床勾配が3～10度のところで堆積します。そして、これら土石流の流下区間や堆積区間で大きな被害を受けます。最も土石流被害の危険な区域は、山麓部の渓流の出口付近や河川合流点付近などです。このように、土石流の発生要素としては、川の堆積物の有無、渓床の勾配、流域面積、降雨量などがあげられますが、その中で渓床勾配が重要となります。

1-2　土砂災害警戒区域（土石流）とは

土砂災害防止法は土砂災害の恐れのある土砂災害警戒区域を明らかにし、警戒避難態勢の整備や開発行為の制限などの対策を推進しようとするもので2000年に制定され*[1]、2001年施工されました。この土砂災害防止法による土砂災害警戒区域（土石流）とは、土石流発生のおそれのある渓流において、渓流出口の扇頂部から下流で勾配が2度以上の区域を指します。渓流の出口では土石流が何度も堆積するため高まりができ、その結果、扇状の地形ができます。この地形を扇状地と称しています。このような地形をした渓流の出口は土石流が堆積するので危険性が極めて高いのです*2。また、土石流は川の勾配が高く、土砂が多く溜まっているところで発生しやすく、何度も同じ渓流で発生します。

土石流危険渓流とは、土石流の発生する危険性があり、人家5戸以上または保全人家5戸未満であっても官公署、学校等のある場所に流入し、被害を及ぼす恐れのある渓流が土石流危険渓流に属します。六甲山地では、兵庫県南部地震による崖崩れのため大量の土砂が渓流に堆積しており、土石流を起こしやすくなっています。なお、広島土砂災害地は土砂災害警戒区域（土石流）の指定予定地だったのです。

土石流は一般的には降り始めから100mmを超え、1時間に20mm以上の強い雨が降ると土石流を起こしやすくなります。前兆現象として、水だけでなく、土石の流れや倒木が山のように流れたり、いままで増水していたのに急激に減少したり、川の水が真っ赤になったりしたときは土石流が生じる前兆現象であり、注意を要します*3。

2　斜面崩壊による災害

2-1　土砂災害警戒区域（急傾斜地の崩壊）とは

土砂災害防止法で言われる土砂災害警戒区域（急傾斜地の崩壊）とは、斜面の傾斜が30度以上、高さが5m以上、崖下に5戸以上の家屋が存在する場合指定され、さらに斜面の上端から水平距離が10m以内および急傾斜地の下端から急傾斜地高さの2倍（50mを超える場合は

50m 以内）の区域が指定されています[*1]。崩れた土砂は一般的に斜面の高さの2倍くらいまで到達します。なお、急傾斜地の崩壊地区でも、対策工事が実施されているところは急傾斜地崩壊危険区域（対策工事実施箇所）となります（急傾斜地法）。これらは土砂災害の法指定区域ですが、そのほかに危険予想箇所として山地災害があります。

2-2　斜面崩壊の要因、まさ土

まさ土とは花崗岩類の風化作用が進行してもろく砂状となったものを指しています。花崗岩中の黒雲母などの鉱物は、雨水と容易に反応して、粘土鉱物に変わっていき、そのため、鉱物間の結びつきが弱くなり、砂状、すなわち、まさ土となるのです[*2]。六甲山地ではまさ土の厚さが厚く、数10m にもなります。このまさ土は粗いため、水を通しやすく地下に浸透させますが、水の量が限界を超えると排水ができなくなり、表面流が発生すると表土部分は簡単に崩れるのです。これを表層崩壊と呼んでいます。崩れた土砂は斜面や川底などに厚く溜まっており、大雨が降ると一気に流出します。六甲山地では断層による割れ目が多いため、深部まで雨水が浸透し、風化しており、厚いまさ土に覆われています。

2-3　斜面崩壊の前兆現象

斜面崩壊（崖崩れ）は一般に大雨で雨水が地下に浸透し、土砂や岩石の強度が低下して生じます。このとき限られた箇所で急激に土砂や岩石が崩れるものが斜面崩壊で、ゆっくりと動くものを地すべりと称しています。これらは前兆現象を伴うので、述べてみましょう。

斜面の上方（山側）に亀裂や段差が生じた場合（頭部亀裂）は、崩壊の兆候です[*3]。その後、この亀裂や段差が拡大すると崖崩れが生じます。滑りが進行すると、斜面のふくらみ、すなわち斜面や擁壁が前にせり出すためはらんできます。これは亀裂が開き雨水が浸透し、斜面では地盤が前へ押し出されているのです。はらみだし下部では湧水が見られたりします。はらみだしが進行すると、地下水や湧水が濁るようになります。これは地山がゆるんで土砂が流れ出していることを示し、崩壊が近いことを示唆し、避難が必要です。また、湧水量が急に多くなる場合も要注意です。山に亀裂があり、小石がパラパラ落ちてくる場合は崩壊が近いことを示しています。これは、はらみだしがさらに進行し、地盤が前に押し出されているためで、やはり避難が必要です。

2-4　斜面崩壊の観測と対策

斜面崩壊と雨量との関係を見ると、前日までの降雨がない場合、当日の雨量が100mmを越えた時、第1警戒体制に、さらに時間雨量が30mmの豪雨が始まると第2警戒体制になります*3。これら雨量を参考に避難などを行います。

斜面崩壊の対策工としては、抑止工があります。代表的なものとしては地盤に長い鋼棒を安定地盤まで打ち付けるアンカー工が主で、崩れ落ちようとする土砂を抑えます。また擁壁工は土砂が崩れないように抑えられるので、よく用いられ、崩壊規模が小さければ擁壁工だけの場合も多くあります。

3　土砂災害の危険度予測

3-1　まさ土が厚いところで斜面崩壊が多発

神戸市の六甲山地での斜面崩壊の頻度分布をみると、摩耶山（まやさん）から西部で多く発生しています。これは六甲山地が摩耶山から西部で花崗岩の風化が顕著で、まさ土の厚さが20mから10mと厚くなっているのに対応しています。まさ土は雨水が大量に浸透すると排水ができなくなり、一気に崩れる性質を持っているので、斜面崩壊を起こしやすいのです。また、多量の降雨は斜面の地下水位を上昇させ、水と泥の混合流が崖の途中から出ると、パイプ状の穴ができ、一気に崩れるパイピングが生じ、崩壊するのです。

3-2　急傾斜斜面で斜面崩壊が多発

斜面の勾配は斜面崩壊に大きな影響を与えます。斜面の傾斜が30度を超すと、崩れやすくなりますが、最も崩れやすい傾斜は40度から49度の斜面で崩れやすいのです。このような斜面は隆起量の多い六甲山地東部で多く見られます。実際、兵庫県南部地震ではこの付近で大きな被害が生じました。斜面でも凹型の斜面は凸型の斜面に比べ、雨水が集まりやすく、斜面崩壊が生じやすくなります。一方、地震動では逆に凸型斜面で崩壊が生じやすいのです。

3-3　断層付近で斜面崩壊が多発

断層付近では破砕帯が発達し、岩石は粉々に砕け細粒となり、一部粘土化しているので崩壊しやすくなります。六甲山地では諏訪山断層、五助橋断層など山麓部に断層が走る付近では断層崖を形成しており、崩れやすいのですが、そこは眺望が良いので宅地化されているのです。実際、兵庫県南部地震ではこれら断層付近で斜面崩壊が多発し、750箇所以上で斜面崩壊が生じました。特に、五助橋断層付近では多くの斜面が崩壊しました。また、地震で斜面に亀裂が生じたため、その後の降雨で雨水が浸透し、斜面崩壊が1500箇所以上と拡大しました。

3-4　土砂災害警戒区域（急傾斜地の崩壊）での崩壊

神戸市内の土砂災害警戒区域（急傾斜地の崩壊）、約830箇所以上を現地に出向き損傷の状況を調べ、崖の高さや勾配、亀裂、斜面上の湧水、集水範囲など、1987年の建設省河川局砂防部の方法で調査を行いました。その結果、今後降雨などで大きく崩壊する可能性がある箇所が39箇所存在することが明らかとなりました。それらの多くは断層が走る山麓部に分布しています。

3-5 土石流災害の危険地域—土石流対策である砂防堰堤が満杯

六甲山地ではこれまで土石流被害を軽減するため、約450以上の砂防堰堤が建設されてきました。しかし、五助橋堰堤が昭和42（1967）年豪雨の土石流で埋まってしまったように*4（図10）、その多くが満杯状態にあり、充分には機能しなくなっています。そこで、河川流域の砂防堰堤で止められる土砂量と流域に溜まっている堆砂量を現場に出向き調べ、数値化して、個々の河川が砂防堰堤で止められるのかどうかの判定を行う必要性があります。この困難な調査によれば*5、石屋川では砂防堰堤で止められる土砂量が最大で約1万2000m^{3}で、堆積土砂量の半分以下もなく、土石流を止められません。そのため、兵庫県はワイヤーセンサーを設置して、土石流が生ずればセンサーが感知して、警告するようにしています。全国の河川でもこのような調査を

図10 堆砂前と1967年の土石流で埋まった五助橋堰堤

1961年の建設で堤高30m（写真左）、1967年災害時に約1万2000m^{3}の土砂をとめた（写真右）。

出所：兵庫県（1996）『兵庫の地質』[4]

する必要性がありますが、行われていません。

3-6　土石流の危険度が高いのは小規模河川

土石流の危険性がどの程度なのか、個々の河川で数値化して判定する調査法を建設省河川局砂防部が1987年に示しました。それによると、危険要素としてまず河川勾配があげられます。勾配が15度以上であれば危険なランクとなります。次に危険要素として河川流域の堆積物の厚さがあげられます。厚さが2m以上であれば危険なランクとなります。そのほかに、斜面崩壊の分布、斜面上の湧水の存在など危険要素を入れて数値化し、危険度を判定します。この方法で六甲山地を調査した結果*5、0.1km^{2}以下の小規模な渓流の多くが危険なランクに属することが判明しました。一例をあげると、神戸市禅昌寺地区の妙法寺川支流をみると、河川勾配が急で、河川堆積物も厚い危険ランクに属します。住民の多くは水もあまり流れていないような小渓流で土石流が生じるとは思っていません。広島土砂災害でも八木地区など0.1km^{2}以下の小規模な渓流で土石流が発生し、大きな被害を与えたのです。

4　兵庫県六甲山周辺は土砂災害多発の宿命
——近畿の山も同じ宿命

4-1　六甲山の頂上付近はなぜ平坦なのでしょうか

六甲山は登るのに急な崖が多く大変ですが、登ってしまうと頂上付近は尖らず、別荘地やゴルフ場などがあり、平坦な面を持つ奇妙な地形をしています。同じような地形は生駒山や比良山など近畿地方の多くの山で見られます。六甲山は931mと高い山ですが、約100万年前まではせいぜい約200mの平坦な低い丘だったのです。なぜ、高い山となったのでしょうか、そのメカニズムを以下に述べていきます。

4-2 断層で隆起し、階段状に高くなった六甲山地

六甲山地の断面をみてみると、約100万年前の海底に堆積した海成粘土層が、現在標高約150mの所に分布しています。一方、大阪湾では同じ海成粘土層が地下約530mの所に分布しており、この標高差は約680mにもなります。これは六甲山地が上昇し、大阪湾が沈降したことを示しています。海成粘土層は甲陽断層でも持ち上げられ、さらに高いところに分布します。六甲山地にはさらに芦屋断層、五助橋断層などがあり、これら断層を境に六甲山の山地側が上昇し、北山面、花原面、六甲山頂面など3段の平坦面をもち、階段状に高くなる地形を形成しています*4。このような六甲山地の階段状の地形は約100万年以降断層が何回も動き、六甲山地側を上昇させた結果生じたのです。このような断層地塊運動を六甲変動と称しています*6。近畿地方の山もこの変動の影響を受けています。

4-3 近畿は東西圧縮場におかれ山地を形成

六甲山地に分布する断層の向きは北東～南西で、南東に傾斜しています。これら断層は垂直方向だけでなく、水平方向、すなわち右側にも岩盤をずらし、六甲山地を東に動かしています。一方、山崎断層は左側にずれています。このような断層の方向やずれはどのような力で動いたのでしょうか。この謎を見事に解いたのが藤田和夫です*6。藤田は東西圧縮の力がこのような断層系を形成したと報告し、模式的な岩石圧縮実験でそのメカニズムを示しました。円筒形の岩石を東西方向から圧縮させると、岩石は膨らみ、最後に円筒形岩石は圧縮軸に約45度の方向で、直交する2方向に割れます。一方の割れ目は右方向にずれ、他方は左方向にずれます。前者が淡路～六甲断層系に対応し、もう一方が山崎断層系に対応しています。これら断層は同じ東西に圧縮する力で作られた断層で、共役断層と称しています。また、この断

層は垂直にも変位するので隆起した山、すなわち六甲山や生駒山、比良山などを形成したのです。なお、この東西圧縮は海のプレートの沈み込みにより、陸のプレートが押されることによっていると考えられています*6。そして、約50万年以降、断層運動が激化し、近畿地方は六甲変動と呼ばれる断層地塊運動の時代に入り、六甲山地や生駒山地などが隆起し、現在の高い山となりました。

このように、近畿地方は長期間の東西圧縮により近畿中央部の基盤の岩盤が圧縮された結果、岩盤は塑性変形し、うねりができ、波状の基盤褶曲をします。この基盤褶曲の膨らんだ部分（凸部）が六甲山、生駒山、青山高原、鈴鹿山脈などの山地で、湾曲部（凹部）が大阪湾、奈良盆地、伊賀上野盆地、伊勢湾などの湾や盆地で、山地と盆地が一定の距離で繰り返します*6。そして、凸部と凹部の境に逆断層が発達する地質構造をなします。なお、活断層がひしめく地域は敦賀を頂点として、養老山地や六甲山地を斜辺に、和泉山脈や中央構造線を底辺とした三角状の地域で、この地域を近畿トライアングルと呼び、活断層が発達しています（図2参照）。

4-4　隆起山地は土砂災害の宿命

六甲変動により六甲山地や比良山地などは隆起を続けてきました。そのため、崖崩れが起こりやすい30度以上の急峻な崖が多数発達しています。さらに、花崗岩でできた山には断層により多数の割れ目が発達し、そこに雨水が浸透し、深部まで風化して、まさ土となっています。そのため、急斜面は降雨により容易に崩壊を起こします。実際、六甲山地は何度も土砂災害にあってきました。

例えば、六甲山地では、昭和13（1938）年、豪雨で多数の斜面崩壊と土石流が生じ、阪神大水害と呼ばれる大きな被害が生じ、死者・行方不明者695人を出しました*7。さらに、昭和36（1961）年豪雨では、

表2　神戸の3大水害の被害の比較

	昭和13年7月		昭和36年6月		昭和42年7月	
死　　者		671人		28人		90人
行方不明		24人		3人		8人
家屋被害	流出	1,497戸	流出	11戸	全壊流出	367戸
	埋没	966戸				
	倒壊	2,658戸	全半壊	403戸	半壊	390戸
	半壊	7,879戸				
家屋浸水	床上	31,643戸	床上	3,960戸	床上	9,187戸
	床下	75,252戸	床下	29,376戸	床下	49,650戸

出所：六甲砂防工事事務所（1990）六甲砂防50周年記念誌［7］

死者・行方不明者が31人、昭和42（1967）年豪雨では98人と約30年ごとに大きな災害に見舞われてきました（**表2**）。昭和13年災害では土石流被害が大きかったのですが、昭和42年災害では山麓部の開発が進み、斜面崩壊による被害が多かった特徴があります。これら梅雨末期の豪雨災害は、偶然ではなく、六甲山地の生い立ちと密接に関係しており、宿命的で避けられない課題です。

5　広島土砂災害
——まさ土地の災害

2014年8月に広島市で発生した土砂災害地では[*8]（**図11**）、山地はもろいまさ土や節理（割れ目）の発達した花崗岩からなり、斜面が崩れやすい状態になっていました。そこに、短時間の集中豪雨があり、さらに、谷出口の危険な土砂災害警戒区域に住宅が建っているなど、危険な要因が重なりました。

被害は土石流が107件、土砂崩れが59件生じたと、国土交通省が報じました。雨量を見ると、気象庁は土石流が発生したとみられる8月20日の午前1時から4時に217mmを超える豪雨が生じたと報告し、土砂災害が発生しました。この雨量と土石流が発生した所はほぼ一致しています。なお、避難勧告は土石流発生後の午前4時15分と遅れました。

図11　広島土砂災害の空中写真（8月20日撮影）
渓流を流れ下った土石流と谷出口の土砂災害警戒区域を加筆。
出所：国土地理院 WEB サイト（2014）広島県の被災地域の斜め写真［8］

土砂災害が生じた安佐南区は風化した花崗岩からなるまさ土からなっており、豪雨で崩れやすい性質を持っており、実際、斜面には崩れた大量の土砂や巨れきが溜まっています。また、被災地の土石流堆積物には2～3mを超す巨れきが多数見られました*9。この地区では、山地の至る所が崩れていました。豪雨により、もろい山地斜面は崩壊し、崩れた土砂と山地を構成する花崗岩岩盤の混合物が、多量の雨で一気に谷に流れ込み、谷を駆け下り、土石流となりました。土石流は周囲の土砂や巨れきを巻き込みながら成長し、高速で流れたのです。しかも、この岩盤や巨れきが土石流の頭の前面に濃集し、住宅を襲ったため、住宅を破壊し、多くの犠牲者を出したのです。このように、崩壊しやすい風化したまさ土や巨れきが土石流を多発させ、被害を大きくした地質要因です。これらの詳しい状況は、すでに池田*10などにより詳しく述べられています。

また、宅地を見ると、被害が大きかった安佐南区八木地区などは過去に何度も土石流が襲い、堆積してできた扇状地の扇頂部にあたり、土石流のより危険な所に立地しています。これら地域は平地の少ない広島市の人口増に伴い1968年施工の都市計画法により八木地区の斜面が開発され、1971年には市街化区域に指定されたのです。広島県は八木地区などが危険なので土砂災害警戒区域に指定する予定でしたが、住民との話し合いが充分にできていないため、いまだ未指定だったのです。

6　伊豆大島土砂災害
――火山灰地の災害

6-1　伊豆大島土砂災害の概要

2013年、伊豆大島では、台風26号による24時間雨量824mmもの豪雨で、火山灰からなる山腹が崩壊し、土石流となり、伊豆大島の元町地区周辺を襲いました。30戸が全半壊、250戸が被害を受け、39人が死亡、4人が行方不明となる大惨事が生じました*[11]。火山灰は雨で崩れやすく流動しやすいため、高速で住宅地を襲ったのです。このような崩れやすい地域は火山灰土からなる地域で起こりやすいのです。

6-2　伊豆大島の土石流の要因

伊豆大島での土石流はどのように発生したのでしょうか。伊豆大島は3万年前から約100〜200年ごとに何度も噴火が繰り返され、溶岩の上に降下火山灰が厚く堆積しています。1338年の噴火では元町付近へと溶岩が流れ、その上にその後の火山灰が堆積しています。溶岩は水を通さない不透水層ですが、火山灰は水を通す透水層です。しかも、元町付近の火山灰はスコリアと呼ばれる穴が多数あいた黒い軽石から成ることが多く、水をより通しやすいのです。そして、その水は火山灰の下の溶岩でせき止められるため、火山灰層全体は水でいっぱいとなります。そして、溶岩から上の火山灰層は急勾配のため一気に崩壊し、それらが雨水と混ざり混然一体となり、斜面を高速で駆け下る土石流となり、大きな被害を与えたのです。

当時の雨量は1時間雨量が90mmを越える雨が4時間も続き*11、火山灰層が限界量を超える雨水を含み、下の溶岩の上を滑ったのです。火山灰は崩れやすく、細かいため雨水と混ざり、生コン状態のような重力流となり人家を襲いました。なお、火山灰はその細かさのため地中に雨水が浸透しにくくなり、上を雨水が流れると取り込まれるので、発生した土石流は遠くまで、しかも広範囲に流れ、また、高速で流れる性質を持っているため、被害が大きくなったと思われます。

7　紀伊半島豪雨での土砂災害
――深層崩壊による災害

7-1　紀伊半島豪雨の降雨量、河川水位の概要

2011年に紀伊半島を襲った台風12号はスピードが遅く、南東風が紀伊山地に長時間吹きつけ、奈良県上北山村では連続雨量が1600mm以上にも達する雨量を記録しました*12。被害が大きかった熊野川の水位は和歌山県新宮市相賀の水位観測所で9月4日午前2時に18.7mを記録し、1959年の伊勢湾台風時の16.4mを上回り、過去最高を記録していました*12。いかに連続雨量が大きかったかを示しています。そのため、死者69人、行方不明者19人と伊勢湾台風以来最大の風水害による犠牲者を出しました。被害者の多くは洪水よりも深層崩壊や土石流による被害でした。

7-2　紀伊半島豪雨被害―深層崩壊による被害

深層崩壊とは表層から深部までの岩塊が大規模にくずれる崩壊で、すべり面の発生が深い所にあるため、表層だけでなく深層の岩盤も崩壊土塊となり（図12）、多くは10万m^{3}以上に達し、被害が大規模と

図12　和歌山県田辺市伏菟野（ふどの）の深部岩盤が崩壊した深層崩壊の様子

斜面と地層の傾斜が同方向の流れ盤をなす山腹の岩盤が地層面に沿うように崩壊（筆者撮影）。

なります。

深層崩壊がなぜ起こるのか、まず、第一に長期間の降雨により雨水が岩盤の割れ目を通じて地下深く浸み込む結果、地下の岩盤の割れ目が雨水で満杯となり、それらが地下にとどまり、そのため割れ目中の水圧が高くなり、浮力を受け滑りやすくなり限界を超えると一気に深層から崩壊します*[13]。このように、深層崩壊は長期間の連続雨量とその末期での短時間の集中豪雨が引き金となり、岩盤自体のクラック（亀裂）やクリープ（斜面の非常にゆっくりとした滑動）の発達で生じます。

7-3　深層崩壊が発生しやすい地質・地形

深層崩壊が生じた地質や地形はどのようなものでしょうか。深層崩壊が多発した熊野川上流付近は、地質的には四万十帯の砂岩や泥岩が褶曲する地層からなります。そのため岩盤クリープが発達します。その他の要因として地層の傾斜が斜面の傾斜と同方向の流れ盤と呼ばれる構造をなし、滑りやすいことなどがあげられます*[14]。地形的に見ると、斜面が多い隆起山地であることがあげられます。深層崩壊は最近の隆起帯で生じやすいのです。このような地域は構造地帯、例えば中央構造線は九州東部から近畿地方まで日本列島を縦断する大断層で、その南部に沿って隆起山地が分布します*[14]。さらに細かく見ると、地形的には雨水が集水しやすい集水面積が多い地域、すなわち、流域面積が広い河川上流部で、しかも比高差が大きい地域で生じやすいのです。特に五條市大塔町付近は熊野川の上流部に位置し、険しい地形で、川と山が迫り、比高差が数100m以上と大きい地区です。

7-4　紀伊半島豪雨での浸水被害・土石流被害

和歌山県新宮市では浸水被害が大きく、2750戸が浸水し、2011年の台風12号で最大の浸水戸数です。次に多いのが那智勝浦町の2496戸、三重県紀宝町の1321戸、和歌山県田辺市の440戸となります*[12]。新宮市は熊野川の河口付近に位置し、水位が急激に上昇し、家屋浸水が多くなりました。熊野川水系や日置川水系には12ものダムがありますが、発電用など利水のみで、このとき、河川水量ピーク時に大規模に放流した結果、下流の水位が一気に増加し、洪水被害を助長しました。豪雨前に放流するなど洪水調整機能を果たしてなかったのです。そのため、新宮市議会ではダムの管理のあり方について抗議の声をあげています。

最大の犠牲者を出したのは那智勝浦町で、その多くは家屋の浸水での犠牲でなく、突然裏山が崩れ、そこから大量の土砂を含む濁流による被害、すなわち土石流被害でした。那智川流域では10数の支流で斜面崩壊、多くが2m未満の深さの表層崩壊が生じており、崩壊土砂がそのまま谷を流れ、土石流となったのです*[13]。多量の土石流堆積物が河床を埋め河床を上昇させ、流路を変更させ、道路が河川状となり、濁流が家屋を襲い、さらに被害を拡大させました。さらに、今回被害を大きくしたものに流木による被害があります。紀伊山地では大規模な植林が行われてきましたが、森林管理、間伐がされておらず、多量の杉などがそのまま流失した結果、それらが橋桁などにせき止められ水位をあげ、また砂防ダムを簡単に乗り越え家屋浸水を助長したのです。

参考文献・資料

[1] 国土交通省（2000）「土砂災害警戒区域等における土砂災害防止対策の推進に関する法律」14 頁

[2] 田結庄良昭（2015）「災害多発社会への備え」塩崎賢明・西川栄一・出口俊一・兵庫県震災復興研究センター編『大震災 20 年と復興災害』クリエイツかもがわ、228 頁

[3] 地質ボランテイア（1995）『あなたもできる地震対策』せせらぎ出版、68 頁

[4] 兵庫県（1996）『兵庫の地質』兵庫県地質図解説書・土木地質編、236 頁

[5] 末延武司・田結庄良昭（2001）「六甲山地の河川の土石流危険度」第 11 回環境地質論文集、79-83 頁

[6] 藤田和夫（1983）『日本の山地形成論――地質学と地形学の間』蒼樹書房、466 頁

[7] 六甲砂防工事事務所（1990）『街のしあわせを守って 50 年』六甲砂防 50 周年記念誌、43 頁

[8] 国土地理院 WEB サイト（2014）広島県の被災地域の斜め写真（8 月 20 日撮影）
http://saigai.gsi.go.jp/1/h26_0816ame/hiroshima/naname/qv/5D5A0239.JPG

[9] 志岐常正編著（2016）『現代の災害と防災――その実態と変化を見据えて』本の泉社、260 頁

[10] 池田碩（2016）「現代の災害の実態――豪雨災害にみる」『現代の災害と防災――その実態と変化を見据えて』本の泉社、11-34 頁

[11] 国土交通省（2013）「平成 25 年台風第 26 号伊豆大島災害の概要速報版」4 頁
http://www.mlit.go.jp/river/sabo/h25

[12] 気象庁（2011）「平成 23 年台風第 12 号による 8 月 30 日から 9 月 30 日にかけての大雨と暴風」災害時自然現象報告、第 3 号、81 頁

[13] 田結庄良昭（2012）「台風 12 号による豪雨災害」塩崎賢明・西川栄一・

出口俊一・兵庫県震災復興研究センター編『東日本大震災　復興の正義と倫理　検証と提言50』クリエイツかもがわ、42-44頁
［14］ 国土交通省砂防部（2011）深層崩壊
http://www.mlit.go.jp/river/sabo/deep-landslide/deep-sharrow.

第6章　洪水被害

1　茨城県鬼怒川の洪水被害と堤防の決壊

1-1　土でできている堤防は越水で簡単に決壊

2015年9月に、茨城県鬼怒川の河川堤防が決壊（破堤）して大きな被害が出たことは記憶に新しい[*1]。河川堤防は基本的には維持管理が行いやすい土盛りでできています。そのため、豪雨により河川水が堤防を越水すると、流れ落ちる水の力で、土で盛られた堤防内側（住宅側）は浸食され、堤防は自立できなくなり、簡単にくずれます。兵庫県の佐用川も越水で決壊しました。同じく兵庫県の円山川や加古川でも越水で堤防が決壊しています。そこで、河川堤防の決壊について、鬼怒川を中心として、そのメカニズムについて述べてみましょう。

1-2　鬼怒川など河川の堤防決壊による洪水被害

鬼怒川では、9月の台風17号に刺激された秋雨前線で、48時間で370mmと100年に一度の大雨により、茨城県常総市の若宮戸で越水により浸水被害が発生しました。すぐ上流の鎌庭で水位のピークが生じたためとされています。その後、三坂町で堤防が決壊し、大規模浸水被害が生じました[*1](図13)。土盛り堤防内側は浸食でえぐられ、さらに濁流で掘られた池状の穴が生じています。水海道（みつかいどう）付近に河道狭窄部があり、そこの急速な水位上昇が決壊要因の一つと思われます。決壊地点は旧河道上に位置しており、昔から河道の付け替えが行われていたところです[*2]。堤内の土地は自然堤防に集落があるほかは水田などの

図13 鬼怒川の常総地区斜め空中写真と堤防決壊による氾濫状況

決壊地点上流付近には河道狭窄部があり、堤防整備は遅れていた。決壊箇所と氾濫状況を矢印で加筆した。
出所：国土地理院（2015）常総地区斜め空中写真［1］

農地です。若宮戸地区の堤内には自然堤防上にソーラパネルがあり、浸水し、破壊されました。パネル形成時、この付近の林が伐採され、自然堤防を削っていたのでその影響もあるとの報告もあります*2。新聞各紙は、堤防決壊の原因は越水により堤防内側が削られたことによると報告していますが、大豊*2は、越水の証拠はなく、堤防法面に水がしみ出していたとの住民の報告や、決壊箇所上流の堤内法尻（のりじり）（法面の一番下側の部分）にパイピングでの噴砂の報告などから、堤防内部の浸透水による崩落としています。決壊付近の堤体盛土の下は軟弱な沖積砂層からなり不安定な地質なため、堤体では浸透破壊が生じた可能性があります。なぜなら、土盛り堤防は河川水位の高い状態が長く続くと、堤防に水がしみ込み、土が水に浮くような状態で弱くなり、さらに、水流が強くなると、堤防自体が壊れ出します。また、堤防すぐ下の沖積砂層も浸透現象を起こしやすい層なので、いっそう浸透が進んだと考えられます。さらに、旧河道の付け替えも影響しているのでしょう。決壊原因の詳細な調査が望まれます。

鬼怒川には上流に洪水調節をする規模の大きなダムが四つもあります。国土交通省によれば、ダムがなければ約30cm水位が高くなったと報告しています。しかし、常総市水海道の雨量は144mm/24時間を考慮すると、なぜこれほどまで大きな被害になったのか納得できません*3。上流部のダム建設を後回しにしてでも、整備の遅れていた下流部の堤防箇所を整備しておけば大きな洪水被害にならなかったのではないでしょうか。

1-3　河川堤防決壊のメカニズム

堤防決壊のメカニズムには、主に三つが考えられています。まず、越水です。大雨で河川水位が高くなり堤防を越えあふれ出し、その濁流が土堤防の内側（住宅側）を浸食し、削り取りが進行すると、一気に崩れます。次に浸透です。河川水位が大雨で長時間上がると、河川水が堤防に浸透します。その状態が続くと、浸透した水は堤防内側に出てくるなど、水の通り道が形成され、水とともに堤防土砂が流れ出し、堤防が崩れます。最後が洗掘です。河川の強い流れによる水の力で堤防外側（川側）が削り取られていきます。損傷した部分は弱くなり、強い水の流れでますます削り取られ、ついには堤防がすべり出し、崩壊します。実際には、これら要因が同時に関係していることが多いのです。越水が生じると、天端や裏のりが洗掘され破堤に至るので、天端を舗装して洗掘に耐える構造にするなどの工夫が必要です。表のり面の洗掘は河道屈曲部などで生じます。裏のり面は浸透水の湧出により洗掘破壊を受けます。

河川水位が上昇する要因として、川の屈曲部や河道が急に狭くなるなどがあげられます。また、川の合流点付近では流れが妨げられ、水位が上昇します。鬼怒川も利根川との合流点が下流にあり、しかも上流部の方が、川幅が広いため、容易に水位があがり越水したのでしょう。なお、河口付近では河川勾配が緩やかになり、さらに、満潮時では海水が逆流するなどのために、水位が上昇します。

1-4　越水しても被害を最小にする対策を

災害復旧工事にあたっては、川の水はあふれるものとして、越水しても護岸が浸食されないように、遮水工事などで防ぐことや、河川拡幅、二重堤防、遊水池の設置など総合的な治水計画で減災するシステムが急がれます。しかし、地方自治体の貧困財政が防災工事の進捗を遅らせています。

2　兵庫県西部、佐用川の洪水被害と堤防の決壊

2-1　佐用川の特徴と雨量および河川水位

佐用川はスープ皿のような底の浅い形状の川をなし、短時間での多量の降雨による流量を流下できない河川で、本来氾濫しやすい河川なのです。

2009年8月9日の台風9号による豪雨をみると、佐用では24時間雨量327mm、3時間雨量179mm、1時間雨量82mmでした*4。このように、このときの降雨は短時間で多量の雨が佐用町の佐用付近に集中的に降ったのが特徴です。

次に佐用川の河川水位をみると、佐用の水位は8月9日の16時で2m、20時で4mとなりました。避難水位の3m、危険水位の3.8mをも越え、22時には5mにも達しました*4。特徴的なのは、降雨と水位上昇との時間差が1〜2時間以内と短時間であったことです。

2-2　豪雨被害の概要

家屋被害は、全壊および大規模半壊が佐用町で136棟と259棟、宍粟市で16棟と26棟、朝来（あさご）市で9棟と10棟、半壊は兵庫県全体で637棟と、被害はきわめて大きかったのです*4。人的被害は佐用町で死者・行方不明者20人、朝来市と豊岡市で各1人の死者を出すに至り、全国では25人もの死者を出しました。

2-3　護岸崩壊の要因

図 14　佐用町久崎の決壊した堤防の応急修理

越水による流れ下る濁流で（矢印で示した）、土で盛られた堤防は浸食され破堤、下流には河川合流地点が、上流には狭窄部があり、水位があがりやすかった（筆者撮影）

佐用川の護岸の崩壊箇所は多くの共通点を持っています。その典型である久崎（くざき）地区の護岸の崩壊の要因について検討を行いました。久崎地区の佐用川には、①上流に川幅が狭い狭窄部があり、②下流に蛇行する屈曲部や、③千種（ちくさ）川との合流点があるほか、狭窄部には④橋が存在します[*5]（図 14）。

佐用川と千種川の合流点では、両河川は直角に交わり、千種川の方が佐用川より河床が高い。そのため、佐用川では千種川からの流入増大に伴うせき上げ効果により水位上昇が生じました。さらに両河川の水流がぶつかるため衝撃波が生じ、水位が上昇したと思われます。

さらに豪雨時、狭窄部にかかる橋の欄干には大量の流木がひっかかり集積していたため、水位が急上昇したと思われます。このことは、豪雨後、欄干には流木が大量に残されていたことからも支持されます。

次に護岸崩壊の原因をさぐると、合流点上流の狭窄部にかかる橋付近で急激に水位が上昇し、橋を乗り越えた水は川の曲がり始めにあたる橋の下流約 80m の護岸を越水しました（図 14）。越水時には護岸内側（住宅側）の土が濁流により容易に浸食され、護岸は自立できなくなり、崩壊したと判断されます。事実、護岸内側を見ると、護岸内側の土が大きく削られ、穴が空いたような状態（落堀（おっぽり）と称する）が明瞭に生じていました。

2-4 災害復旧工事と問題点

久崎地区では2004年の台風21号でも護岸が崩壊し、大きな被害を出しました。国の補助が出る災害対策基本法による災害復旧工事は現状復帰工事が原則なため、パラペット（上端の縁に設けられた保護壁）による護岸の1mかさ上げや、若干の浚渫など現状復帰に近い工事が行われたのみで、住民から要望の強かった川の拡幅工事や護岸内側の遮水化などは行われませんでした*6。

台風第9号の被害を受けて、千種川水系の兵庫県の復旧・復興対策が2009年12月末に出されました*7。それによれば、佐用町円光寺での計画高水流量は毎秒900m^{3}を下回る17年に1度の計画であり、このときの雨量による流下能力をはるかに下回り、工事が終了しても再び大きな被害が生じます。工事期間や工事開始場所も問題で、中期的な河川整備計画では下流の負荷を考え、千種川水系の下流から河川整備がなされたため、豪雨時には河口から17km付近までしか工事は進んでおらず、このとき被害が大きかった佐用川は工事が行われていなかった地区なのです。

参考文献・資料

［1］ 国土地理院（2015）平成27年9月関東・東北豪雨の情報、常総地区斜め空中写真①、9月11日撮影
http://www.gsi.go.jp/BOUSAI/H27.taihuu18gou.html

［2］ 大豊英則（2015）「鬼怒川水害、破堤原因にかかる現地からの考察」国土問題、78、66-69頁

［3］ 上野鉄男（2015）「鬼怒川の2015年9月洪水について」国土問題、78、60-65頁

［4］ 兵庫県（2009）「平成21年台風第9号災害検証報告」平成21年台風第9号災害検証報告委員会、111頁

［5］ 田結庄良昭（2009）「兵庫県佐用町での豪雨被害の特徴」日本の科学者、

vol.44、46-48頁
[6]　兵庫県（2005）「千種川水系河川整備計画」2011年改訂、86頁
[7]　兵庫県（2009）「平成21年台風第9号災害の復旧・復興計画」58頁

第7章　自然災害への自治体の対応

1　避難勧告・指示の遅れと大型市町村合併

2009年の兵庫県佐用洪水被害では、佐用町が豪雨により避難勧告を出したのは、佐用川の危険水域が3.8mを越えた1時間20分後の午後9時20分と遅れました。そして、町営幕山(まくやま)住宅からの避難途中に8人もの死者・行方不明者を出しました。事故は幅40〜50cmの浅い平凡な側溝で起こったのです。当時、避難は夜間で、地上の浸水水位は約0.8mで、側溝と道の区別がつかない状況にありました。夜間の避難に一考を与えた災害でした。

佐用町は、これまで、避難情報は各地区の防災無線を通じて自治会から直接家庭に連絡されていましたが、合併後は自治会から町役場の支所に連絡され、さらに役場から放送されるため、対応が遅れた可能性があります。

この背景には、佐用町が2005年に4町を合併したばかりであったことも関係していると思われます。また、兵庫県の佐用土木事務所が廃止された影響も大きいと思われます。教訓として、これまでの一律の避難勧告・避難経路・避難場所の設定で良いのか、大きな問題点を投げかけました。このように、多くの災害では自治体からの避難勧告・指示などが遅れました。災害地では、被災現地の雨量や水位などの現状が本庁で把握されていなかったのでしょう。典型的に現れたいくつかの例を紹介しましょう。

2011年の紀伊半島豪雨でも合併による広域化や職員削減が大きく関

係していると思われます。和歌山県田辺市は 2005 年に 1 市 2 町 2 村が合併し、総面積は 1027km^2 で、和歌山県の総面積の 22% を占め、近畿で最大の面積を誇ります。また、奈良県五條市は 2 町 6 村の合併です。田辺市の伏菟野地区では深層崩壊が発生し、死者・行方不明者 5 人が出ましたが、避難勧告・指示は発令されていなかったのです。

田辺市は 9 月 3 日に伏菟野地区の下流域の河川合流点である市の中心部 5487 世帯には避難勧告・指示を出していましたが、10km 北東の伏菟野地区には出していませんでした。和歌山県では災害に備え、光ファイバーと衛星回線を組み合わせた通信網を整備し、県と市町村を結ぶシステムを構築し、被害情報を入力すれば、県と市町村で情報の共有ができるシステムを作っていました。しかし、光ファイバーは豪雨被害で使用不可となり、衛星回線での情報伝達は可能であったが、災害現場の市町村からの情報が入らなかったのです。職員削減は、例えば、田辺市の職員数は災害当時 899 人、合併前の 2004 年当初では 1037 名でした（田辺市ホームページ）。また、龍神行政局（旧龍神村）は 34 人で発足しましたが、当時は 24 人となっていました。合併の弊害が出たと言えます。

2014 年の兵庫県丹波豪雨災害では、兵庫県丹波市では 8 月 16 日 15 時 35 分に大雨警報（浸水害）と洪水警報が発表されましたが、丹波市の避難勧告は 17 日 2 時 0 分に市島地域に発令され、遅れました。丹波市は 2004 年に 6 町合併で生まれ、493km^2 と広く、しかも局地的な集中豪雨で、被害地が市役所本庁のある氷上町から隔たっているため現地の被害状況が見えづらく、避難勧告が遅れたのです。

このような避難勧告の遅れは、広島土砂災害や茨城鬼怒川洪水災害でも見られ、市町村合併での避難勧告の困難性があぶり出され、大型合併での防災体制がまさに問われています。

2　避難体制、情報伝達体制

せっかく避難勧告・指示が出されても、実際には避難しないケースも目立ってきています。台風23号による2004年の兵庫県北部豊岡市の円山川洪水被害では、事前に台風の進路も推測され、豪雨も予測されていました。そのため、豊岡市では4万7000人に避難指示が出されましたが、実際に避難した人は10分の1以下でした。川の水位の上昇は1時間で約1.5mと急で、18時に出された避難勧告発令時には危険水位の6.5mに迫り、1時間後には7mを越えたのです。そのため、数百世帯が水の中に取り残され、復旧にも時間がかかりました。今後はリアルタイムで住民が川の水位を見られる地域ごとの監視カメラの設置、雨量や水位データのインターネット配信、さらに地域ごとの詳細なハザードマップの作成など、危険水位と避難情報をいかにすばやく住民全員に知らせるのかが問題となるでしょう。

2015年の台風接近で、神戸市は土砂災害警戒区域内の約11万世帯に避難勧告・指示を出しましたが、実際に避難をした人は皆無でした。茨城鬼怒川洪水災害でも実際に避難した人は少なく、急遽ヘリコプターなどで救助される人が約1000人を超えたのです。確かに、兵庫県佐用豪雨災害では夜中の避難で犠牲者が出ており、深夜の避難には細心の注意が必要です。だからこそ、早めの避難勧告・指示の発令と実際に避難するシステム作りや避難困難者への支援が求められます。

平成の大型市町村合併で、行政区が広域となっているため、きめ細かな情報伝達と避難所への誘導などは困難を極めるでしょう。知恵を出し合い、合併の弊害を乗り越え、住民への適切な避難態勢作りが求められ、そのためにも専門職員の配置や住民の普段の努力や訓練が必要です。

3　開発と自治体の対応

多くの都市部では、人口増加に伴い山麓部が急速に開発されています。しかし、そこは本来崩れやすいところで、人が住むことにより、斜面崩壊などの災害が発生しやすい状況になっています。例えば、六甲山地では、1936 年当時、住宅地は海抜 40m 付近までに限られていましたが、現在では 340m まで開発が進み、より危険な所に人が住んでいます。さらに、最近では谷の出口付近が宅地になるなど、土石流の危険性の高いところにも人が住むようになり、防災が開発に追いつかないのが現状です。行政は注意を促していますが、開発が止まる様子はありません。

広島土砂災害地では、土砂災害警戒区域の指定が遅れました。広島市は 1971 年には膨張する都市の住宅不足などから、市街化調整区域をはずすなど、積極的に山麓部の開発政策をとってきました。このような開発は、神戸市でも、「山、海へ行く」神戸型開発を取ってきており、過去に何度も土砂災害に遭ってきています。

兵庫県西宮市では大規模な谷埋め埋土による宅地造成が行われました。開発地には断層があり、地下水位も高く、地すべりの危険性が高いのです。そこで、周辺住民は反対し、開発許可の取り消しを求めて西宮市の開発審査会や神戸地方裁判所に提訴しました*1。私も意見書を提出し、危険性を訴えてきました。しかし、訴えは聞き入れられず、「宅地防災マニュアル」など法律を守っているからと退けました。驚いたことに、活断層は原発では問題となりますが、宅地開発の許認可の項目にすら入っていないのです。このように、法律を守ればリスクがあっても開発が許可されているのが現状です。法律の不備もありますが、行政は住民の命を守ることを第一に考えて欲しいものです。

今後は開発規制も含め、有効な防災対策を講じる必要性があります。行政は業者が危険箇所の開発を行う場合、防災工事を義務づけるなど、厳格に規制すべきです。さらに、土地売買にあたり、もと池や谷など、土地履歴の表示を義務づけることも一案です。また、行政は危険地の情報を住民にハザードマップで知らせるだけでなく、住民の協力も得て、住民と一緒に地域防災の監視にあたるべきではないでしょうか。

兵庫県南部地震後、兵庫県は「創造的復興」の名のもと、県立こども病院を現在の須磨区の高台から津波浸水の恐れのあるポートアイランドへ移転を行っています。さらに、都賀川では、土石流災害警戒区域を親水公園とし、鉄砲水被害に遭いました。また、震災２か月後に市民無視で計画し、2700億円を投じて、シャッター通りとなった新長田駅南再開発地区開発、さらに赤字を出し続ける神戸空港建設などの開発事業が「創造的復興」の名のもとで行われました。その一方で、行政は民間住宅を借り上げる「借上公営住宅」に被災者を住まわせ、20年たったからとの理由で、裁判に訴えて追い出しにかかっています。

このような「創造的復興」は東日本大震災地でも、住民も望まない必要以上に高い防潮堤や現地での再興がかなわないための高台移転、数々の道路建設など、各地で行われています。はたして、それが被災者の生活再建に役立つのでしょうか。復興は、住民がどのような町を作りたいのかを大切にした町づくりするのが基本です。まさに、自治体の姿勢が問われています。「創造的復興」の名を借りた大型開発はもうやめましょう。このことが大規模災害からの教訓ではないでしょうか。

参考文献・資料

[1]　佐藤隆春・田結庄良昭（2012）「住民とともに震災復興を考える――阪神・淡路大震災から18年の被災地」地学教育と科学運動、68号、11-22頁

あとがき

熊本地震、兵庫県南部地震、東北地方太平洋沖地震など各地の地震災害、さらに豪雨による災害の教訓として、復興にあたっては元の場所での住まいの早急な再建がきわめて大切です。なぜなら、神戸市では住民との協力体制が不備なまま「復興」が進められ、住民相互のコミュニケーションが破壊され大きな問題となりました。復興にあたっては、行政と住民の協力体制が不可欠です。

国は自宅再建にあたっては自己責任を原則としていましたが、阪神・淡路大震災後、被災者生活再建支援法の改正が行われ、災害で住宅が全壊の場合、最高300万円が、大規模半壊した場合250万円が支給されるようになりました。一方、損傷が低ければ対象外となります。例えば、兵庫県は佐用豪雨による被害で当初全半壊8棟としていましたが、その後大幅に全半壊が認定され、一定の前進が見られました。しかし、国の被災者生活再建支援法では、原則全壊あるいは半壊など被害が大きい家屋を支援の対象としています。床上浸水でも家屋自体に大きな被害が出ていない場合は、一部損壊となり、法律の支援対象外となります。このような浸水家屋も多く、被災者支援法の不備が目立ち、国による抜本的な支援が切望されます。例えば、2000年の鳥取県西部地震では、鳥取県により地震直後の300万円支給で、被災者を支援し、地域崩壊の危機を救済しました。このような公的独自処置は、宮城県・福井県・新潟県・徳島県などにも広がってきています。また、営業施設は支援対象からはずれるため、小規模商店では再生が困難となります。さらに農地復旧は支援を受けられるが、自己負担も多く、国の復興支援策には多くの問題点があります。

これまでの災害の経験から、国は自治体任せではなく、本格的な被災者への救済策を検討すべき段階にきており、国民の安心、安全のためにも、抜本的な救済策がとられることが望まれます。さらに、個々の災害の教訓を引き継ぎ、迅速な被災者支援を行うためにも防災庁の設置が切望されます。

著者紹介

田結庄 良昭（たいのしょう・よしあき）

1943年京都市生まれ。神戸大学名誉教授、兵庫県自治体問題研究所理事。
専門：災害地質学、環境地質学、岩石学。
兵庫県南部地震の被災経験から、地震災害や土砂災害、特に地盤被害、斜面被害、環境汚染について、住民の立場から考察。

主な著作

『現代の災害と防災――その実態と変化を見据えて』（分担執筆）、本の泉社、2016年
『大震災20年と復興災害』（分担執筆）、クリエイツかもがわ、2015年
『東日本大震災　復興の正義と倫理　検証と提言50』（分担執筆）、クリエイツかもがわ、2012年
『東日本大震災復興への道――神戸からの提言』（分担執筆）、クリエイツかもがわ、2011年
『大震災15年と復興の備え』（分担執筆）、クリエイツかもがわ、2010年
『近畿地方――日本地方地質誌5』（分担執筆）、朝倉書店、2009年
『大震災10年と災害列島』（分担執筆）、クリエイツかもがわ、2005年
『大震災を語り継ぐ――阪神大震災研究5』（分担執筆）、神戸新聞総合出版センター、2002年
『大震災5年の歳月』（分担執筆）、神戸新聞総合出版センター、1999年
『新版 地学事典』（編集・分担執筆）、平凡社、1996年

南海トラフ地震・大規模災害に備える
――熊本地震、兵庫県南部地震、豪雨災害から学ぶ

2016年7月20日　初版第1刷発行

著　者　田結庄 良昭
発行者　福島　譲
発行所　㈱自治体研究社
〒162-8512 新宿区矢来町123 矢来ビル4F
TEL：03·3235·5941／FAX：03·3235·5933
http://www.jichiken.jp/
E-Mail：info@jichiken.jp

ISBN978-4-88037-655-4 C0044　　印刷／トップアート